日本新建築 SHINKENCHIKU JAPAN 中文版 38
（日语版第 94 卷 1 号，2019 年 1 月号）

建筑的多元化设计

日本株式会社新建筑社编　肖辉等译

主办单位：大连理工大学出版社
主　　编：范　悦（中）　四方裕（日）

编委会成员：
（按姓氏笔画排序）
中方编委：王　昀　吴耀东　陆　伟
　　　　　茅晓东　钱　强　黄居正
　　　　　魏立志
国际编委：吉田贤次（日）

出 版 人：金英伟
统　　筹：苗慧珠
责任编辑：邱　丰
封面设计：洪　烘
责任校对：寇思雨

印　　刷：深圳市龙辉印刷有限公司
出版发行：大连理工大学出版社
地　　址：辽宁省大连市高新技术产业园区软件园路 80 号
邮　　编：116023
编辑部电话：86-411-84709075
编辑部传真：86-411-84709035
发行部电话：86-411-84708842
发行部传真：86-411-84701466
邮购部电话：86-411-84708943
网　　址：dutp.dlut.edu.cn

定　　价：人民币 98.00 元

CONTENTS

日本新建筑
中文版 38

目录

延冈站周边改造项目
延冈市站前综合设施encross

设计监理　干久美子建筑设计事务所（延冈站周边改造项目）

设计　干久美子建筑设计事务所（延冈市站前综合设施encross）

施工　上田・儿玉・朋幸・久米特定建设工程企业联营体

所在地　宫崎县延冈市

NOBEOKA STATION AREA PROJECT

architects: INUI ARCHITECTS

用地西侧站前大道视角。延冈市站前综合设施encross建于中心街区繁华地带的JR延冈站站前地区。以此为核心，周围建有站前广场、东西自由大道、跨线桥、大厅上部屋顶、自行车及机动车停放处、卫生间等设施。在2011年由延冈市举办的设计监理选定提案中，干久美子建筑设计事务所被选为该项目的设计监理

駅改札
Station ticket gate

从出租车停车场看向综合等候空间。照片右侧为JR检票口。1层顶棚高度设为2100 mm～3240 mm，2层顶棚高度设为3910 mm，从而拉近1层往来的人群与2层市民活动及图书阅览区的人群之间的距离。结构框架由钢筋混凝土梁与PCa柱组成。1层地板为南北走向，高低差为1390 mm

建築

从2层图书销售区看向综合等候空间。通过顶棚装饰及书架摆放情况，调整墙壁位置及1层大厅位置，从而在不同的框架结构下营造出不同的环境氛围。照明设施隐藏在顶棚带孔的PC天花板之间，柱子上部设置照明带，营造出一种框架仅由柱梁构成的简洁感。针对设计师提出的结构框架，经营管理者CCC和相关人员一同讨论，最终采取分区制，即按用途分配空间。内部装饰由CCC、延冈设计联营体、干久美子建筑设计事务所协商设计

2009	2010	2011	2012	2013	2014	2015	2016	2017	2018

- 延冈站周边改造基本构想（2009）
- 设计监理→选定干久美子建筑设计事务所（2011）
- 经营管理者→选定CCC（2016）

延冈站周边改造基本计划

综合设施encross：基本设计

综合设施encross：实施设计

综合设施encross：施工

延冈站周边改造项目设计监理：东西自由大道・JR站内建筑・警察值班岗亭・宫崎交通巴士中心・自行车停放处・站前广场等

延冈站周边设施：施工

时间轴

构建各种相邻关系的透明格栏

为选定延冈站周边改造项目的设计监理，延冈市进行“设计监理选定提案”的选拔。我们请市政府方面直接来到事务所说明提案内容，但是我们并没有理解市政府方面的目标，也没有想到如何实施。唯一理解的就是项目是由市民和市政府及其他相关人士共同协商进行的，这也许说明他们需要的是能够引导项目进行的设计师。

2011年至2013年，确定市中心街区整体方向性的基本规划，在探索延冈站周边定位的同时，多次以studio-L为中心开展市民研讨会，吸取市民对站前活用方法的意见。同时，延冈设计联营体和干久美子建筑设计事务所相互协作，调查日本境内类似设施以及延冈市内公共设施的使用方法等，探寻综合设施应具备的功能。

通过调查类似设施，我们发现具有魅力的事物似乎都是偶然形成的。而且，这些事物存在几点共通之处。例如，空间资源，其中大部分都不是当今流行的设计风格，但是却满足了市民希望将其充分利用的需求，这种市民的意见正是最为重要之处。

建筑设计应该如何构思？我们准备将建筑结构设为可支持开展多种活动的框架结构。建筑所能做到的仅此而已，但其框架在根本上却具有无穷的魅力。我们将设计重点放在简单的结构框架及应运而生的丰富的开口部上。正是因为结构框架简单，项目才能在功能和规模尚不完全清晰的情况下不断推进。在竣工之前，在逐渐改变形态的同时，许多相关人员也不断地给予我们支持。结构框架的格栏靠近相邻的JR站内建筑，并错开一点点，但是高度基本保持一致。

因控制1层高度，站在1层时会感觉2层的地板离人很近，加上随处可见的挑空设计，给人一种2层近在咫尺的感觉。静静读书的人与急赶电车的人在这里各自独立却又彼此相遇。在图书空间可以看到进行菜品研讨的厨房，厨房旁边设置销售当地食材的空间。这样的设计使空间中存在各种相邻关系。

项目建于人流交汇的车站的侧面，自然而然就有一种人与人邂逅的氛围。建筑透明的格栏悄然促进这种邂逅的发生。

■延冈站周边改造项目

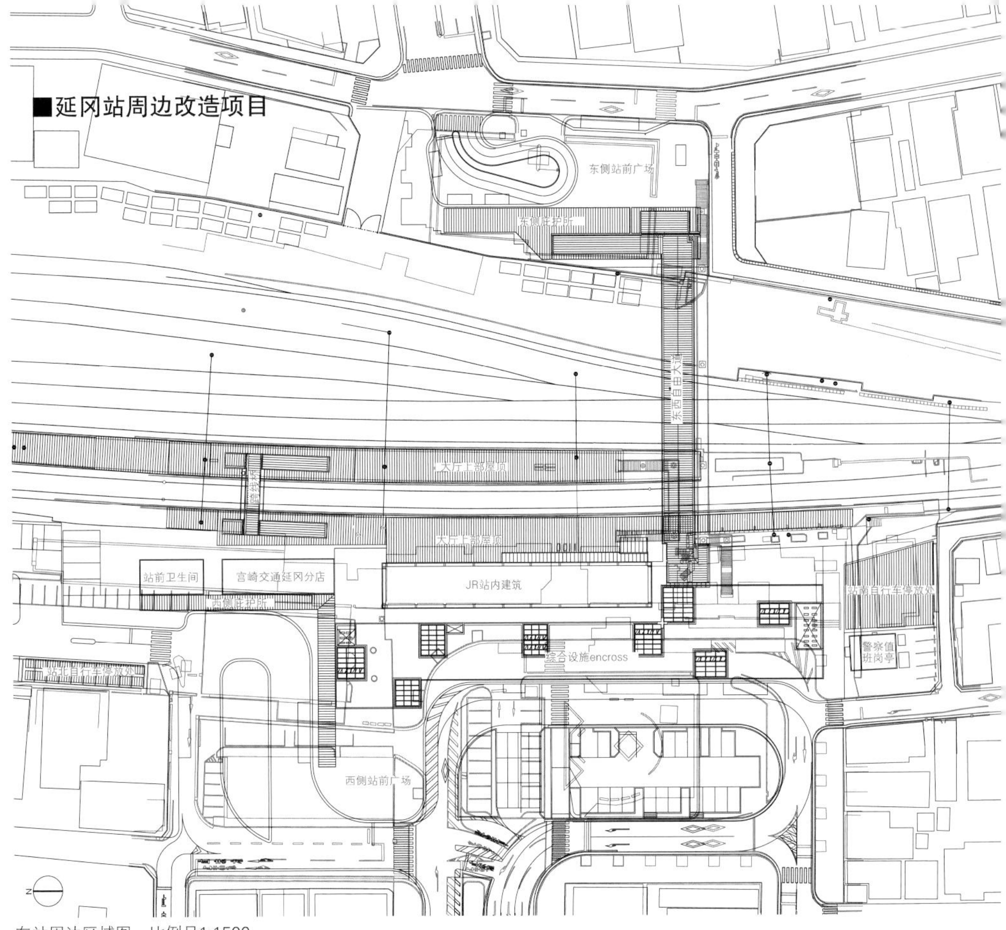

车站周边区域图　比例尺1:1500
（蓝线表示以前的站内建筑、车站相关设施、交通动线。环岛及红字标示的设施为此次改造项目）

西侧全景。在东西方向减少一部分原有的JR站内建筑，缩短以前站前环岛在东西方向上的幅度，在原有站内建筑与环岛的空隙间建立综合设施encross

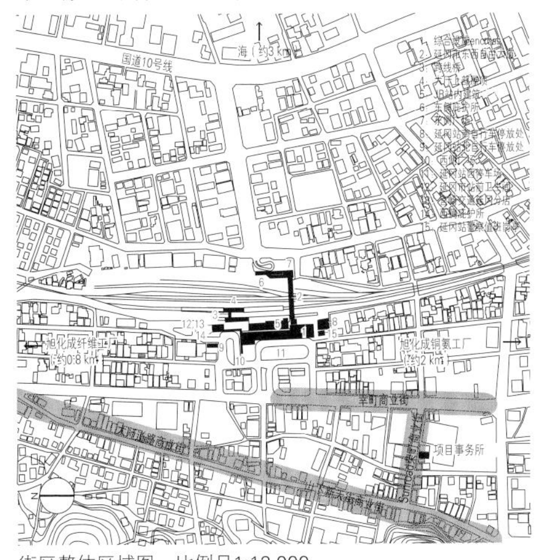

街区整体区域图　比例尺1:12 000

西侧傍晚景色。建筑最高高度9070 mm，与原有JR站内建筑一致

综合设施、JR站内建筑东西自由大道以及其他的周边设施虽设置于狭小的用地之中，但通过逐渐扩大间距等方式，在考虑开口部相关性的同时，确保开阔的视野。由此，惬意的小场所连成一片，营造出一种可缓缓感受到建筑整体性的空间。通过窗外和建筑空隙感受地方城市的日常生活，也给人们带来了舒心与舒适。

（山根俊辅 / 干久美子建筑设计事务所）

（翻译：李佳泽）

当地设计事务所参与项目计划

从设计监理选定提案的前期开始，当地的数位建筑师都参与到项目中，在实际作业时，延冈设计联合协同组合的青年设计师与干久美子建筑设计事务所成立协同事务所，开展从基本设计到监理的研究讨论。周边设施方面，纵观整体，延冈的多家设计事务所都参与到项目计划中。项目期间举办学习会，与没有参与到项目中的同行共享信息，有助于提高当地建筑相关人士的意识以及技术水平。而且，这也是一次让更多人理解设计监理主旨的机会，在长期开展的车站周边改造项目中，期待它能作为当地相关人士共同的设计指南，在未来发挥作用。

（远藤启美 / 延冈设计联合协同组合）

项目公开后推动市民活动

本项目中，市民研讨会以当地的NPO法人——延冈市民力市场与延冈设计联合协同组合为中心举行。依据其讨论结果，在桥本纯的协作下推进设计监理选定提案的准备工作。这一提案不是希望设计师提出车站及其周边的设计方案，而是希望其提出未来构想，并且重视与市民之间的协作。审查会采取向市民公开的形式，之后缓慢过渡到市民研讨会。设计监理策划以及基本计划等，需要注意关于计划和运营方面的三点事项，具体如下：首先，向市民征询的意见不是具体指综合设施的颜色和形状等内容，而是他们希望项目能达到什么目的等与主体活动相关的内容。在整理策划案时，需要思考能否实现这些活动，这是一个通过市民确认并得到认可的过程。其次，市民活动不仅在综合设施内开展，应将发展蓝图扩展到商业街区等车站周边。最后，不仅局限于参与研讨会的市民，还应考虑到未来在设施中活动的其他市民。在施工期间考虑好综合设施的开放情况，在站前商业街的空店面等地提前演练市民活动项目也十分重要。这一系列举措可以推动更多的市民在此综合设施开展活动。

（醍醐孝典 / studio-L）

用繁华渲染整个街区

为营造出日常的繁华，平常可利用读书、学习、咖啡厅等空间，旨在实现“一处空间、多种使用”的目的，为此导入了可移动的书架和家具。平常在综合等候空间可以开展附带DJ的红酒试饮会等，只要敢想，就能在任意场所开展活动，这就是encross的新颖之处。2018年11月末，从手绘、瑜伽、育儿等与市民生活相近的活动到社会问题、商务类演讲、音乐相关活动等，已经有约90个团体和个人申请，每月约举办70场活动。如何将encross孕育出的繁华渲染到整个街区将是今后需要继续思考的课题，我们将与市民一同努力下去。

（中林奖 / CCC）

从出租车乘降点前看向警察值班岗亭。面对站前广场方向设置市民活动空间和露台等开放场地。控制1层顶棚高度，令人感觉2层就在眼前

由东西自由大道越过图书阅览区看向站前广场。南北方向的柱子宽幅有3种，分别为5350 mm、5900 mm和6500 mm，根据原有JR站内建筑的宽幅和周边环境进行布局

图书销售区视角。与图书馆不同，图书阅览区和图书销售区缓缓相连。全馆CCC的运营也包括物产空间、市民活动空间

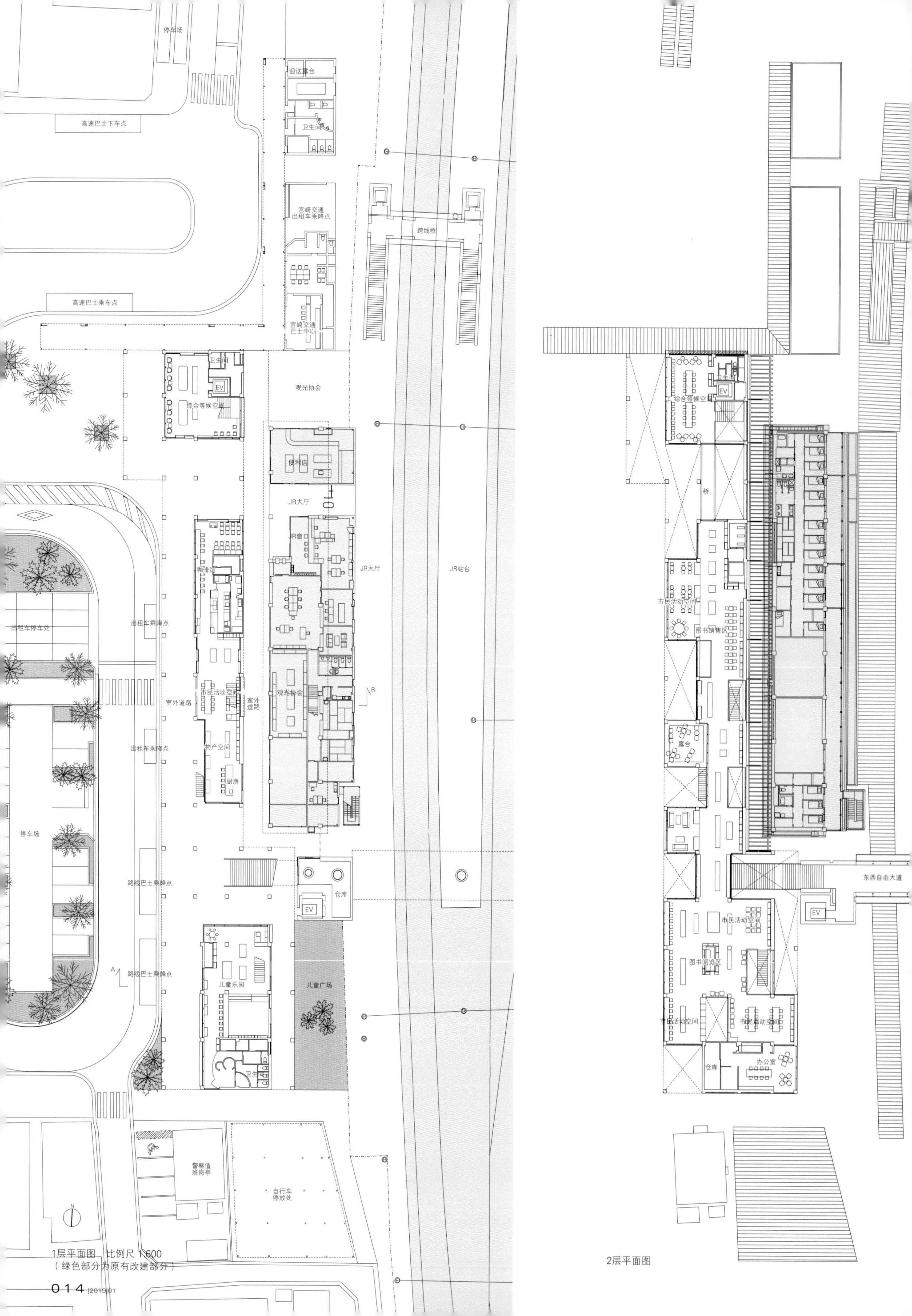

1层平面图　比例尺 1:600
（绿色部分为原有改建部分）

2层平面图

儿童乐园看向儿童广场和大厅

物产空间。里面为用于市民活动的儿童乐园

从东西自由大道看向儿童广场

从市民活动空间看向西侧站前广场

位于2层南侧的图书阅览空间

图片左侧是综合设施encross，右侧可见原车站

正面为JR检票口。里面的原站内建筑经过抗震改建，外部装饰重新涂白

综合设施 encross与原站内建筑之间的室外道路，顶棚高2175 mm，天花板采用百叶窗和半透明聚碳酸酯采光

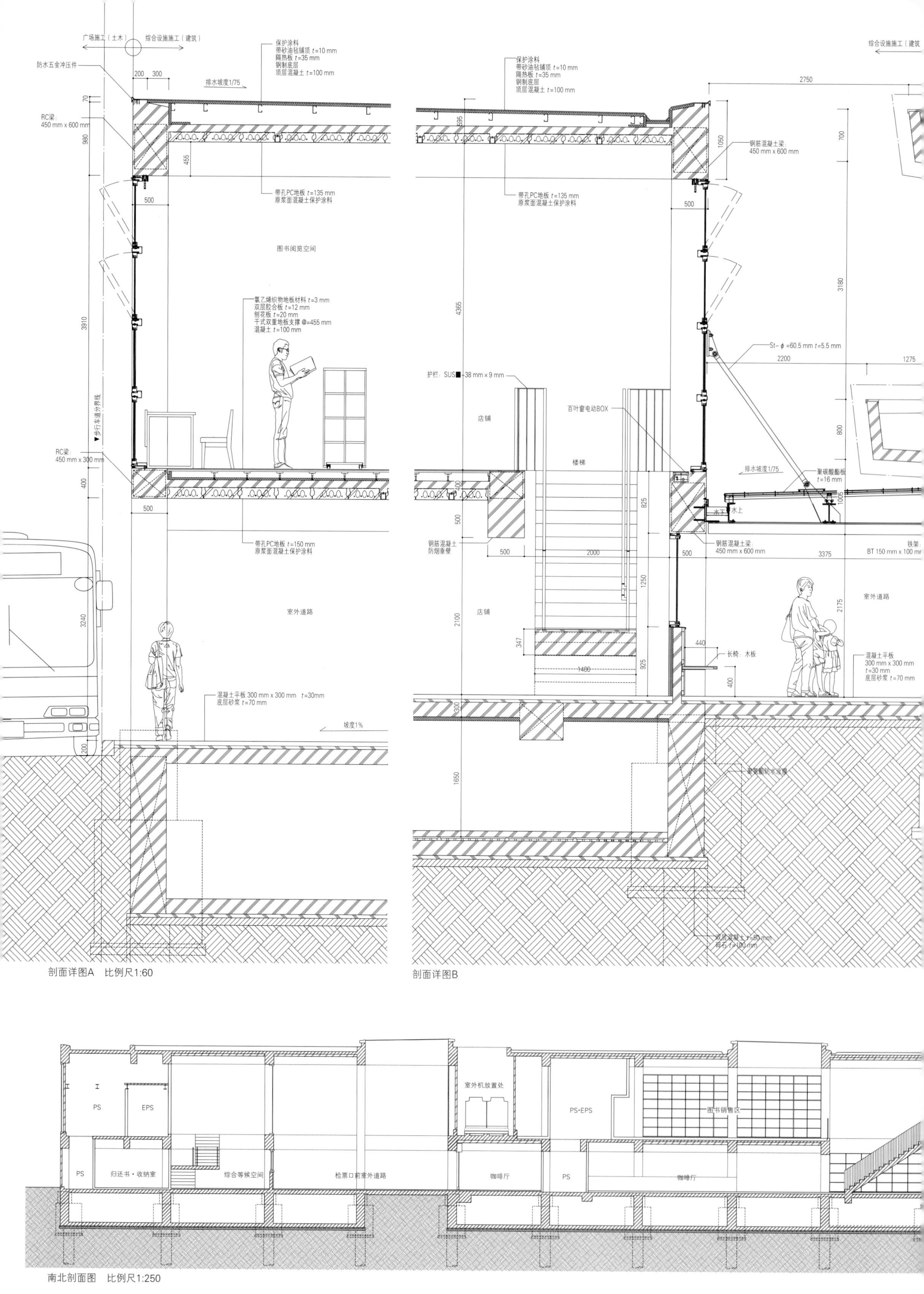

剖面详图A 比例尺1:60

剖面详图B

南北剖面图 比例尺1:250

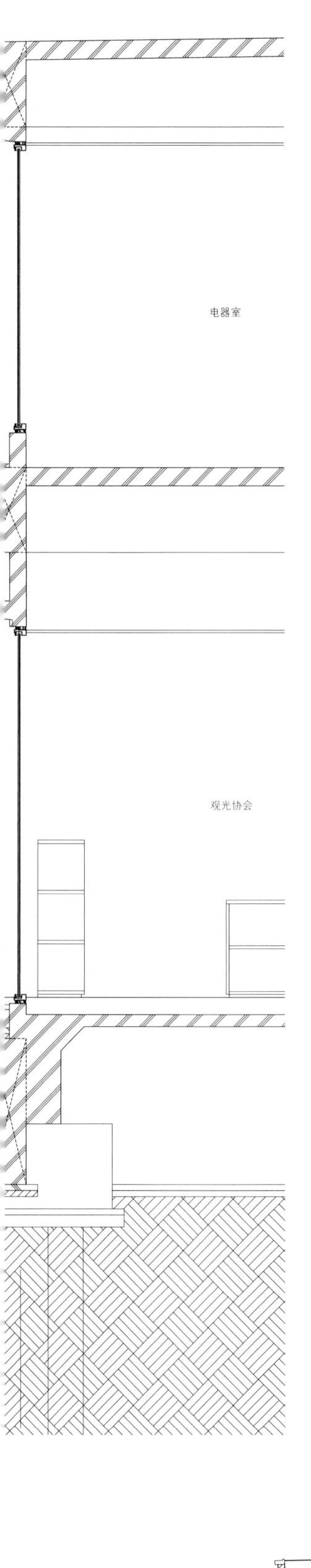

延冈市站前改造项目中改建的设施/左上：综合设施encross南侧的警察值班岗亭。里面为站南自行车停放处/右上：东西自由大道内部。开口部设为自然通风/左下：从铁路线看东西自由大道。交叉铁路上方采用桁梁控制道路整体高度/右下：东侧庇护所。屋顶下设置等候空间

■延冈市站前综合设施encross

设计：建筑：千久美子建筑设计事务所
照明：SIRIUS LIGHTING OFFICE
卫生间：贡多拉设计事务所Gondola
社区设计：studio-L
结构：KAP
设备：森村设计
施工：建筑：上田・儿玉・朋幸・久米特定建设工程企业联营体
电气：岸田・PASIC・川原特定建设工程企业联营体
机械：兴洋・小田设备特定建设工程企业联营体
供排水：MINAMI设备
家具：末永・IEMURA特定家具・什器制作联营体
标识：山本建装・SUNSAI社・KASHIYAMA
用地面积：8878.69 m^2
建筑面积：1695.11 m^2
使用面积：1659.54 m^2
层数：地下1层　地上2层
结构：预制混凝土结构　部分为钢筋结构
工期：2016年11月—2018年3月
摄影：日本新建筑社摄影部（特别标注除外）
（项目说明第152页）

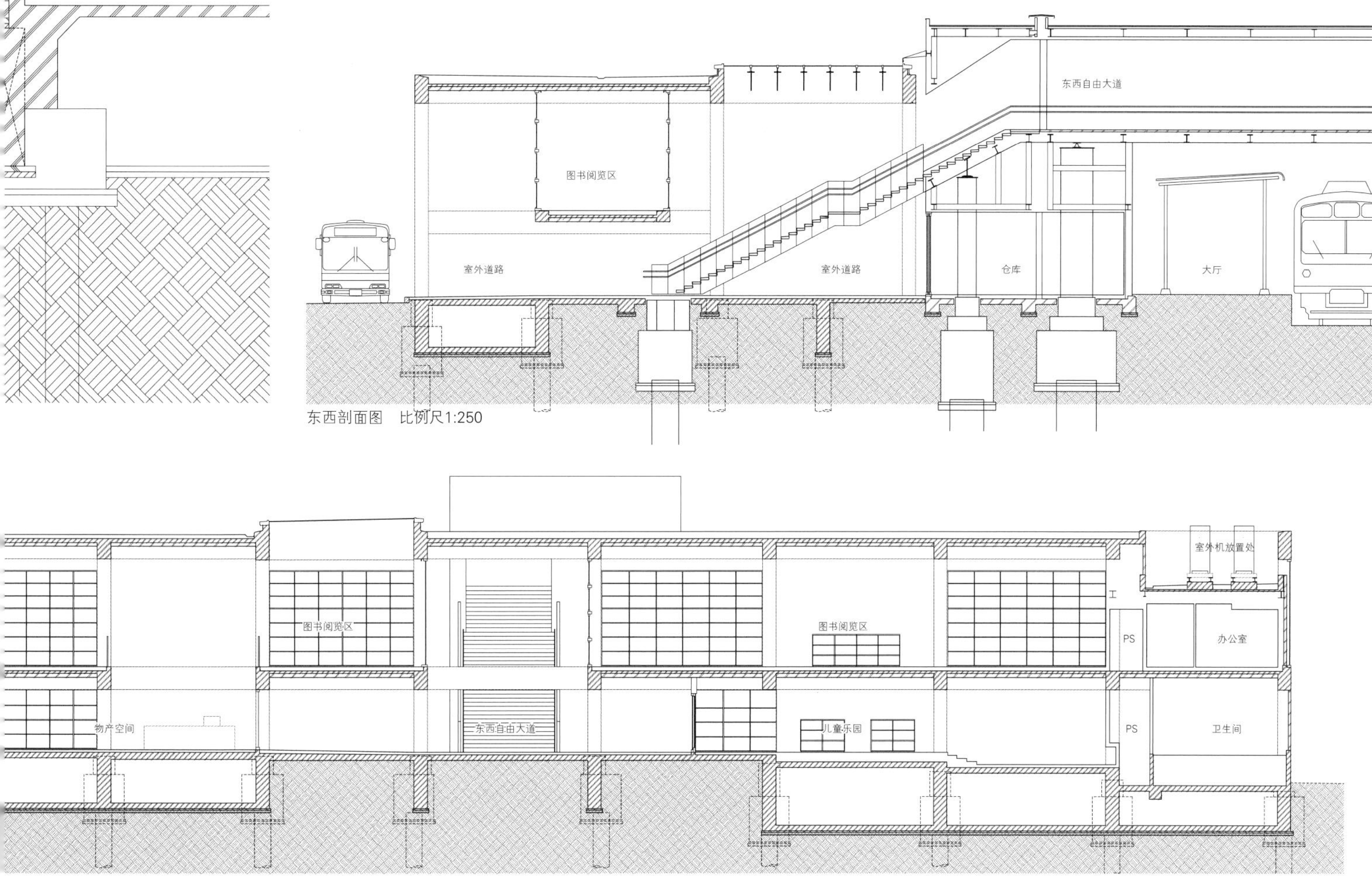

东西剖面图　比例尺1:250

阿迦汗中心

设计 槙综合策划事务所

施工 BAM Construct UK

所在地 英国伦敦

AGA KHAN CENTER

architects: MAKI AND ASSOCIATES IN ASSOCIATION WITH ALLIES AND MORRISON

西南视角。本项目建于伦敦北部国王十字车站、欧洲之星新终点站圣潘克拉斯火车站的调车场旧址再开发区域。这里有伊斯兰教伊斯玛仪派的伊玛目（领导者）阿迦汗设立的两所大学以及阿迦汗财团英国总部。用地西侧面向丘比特公园

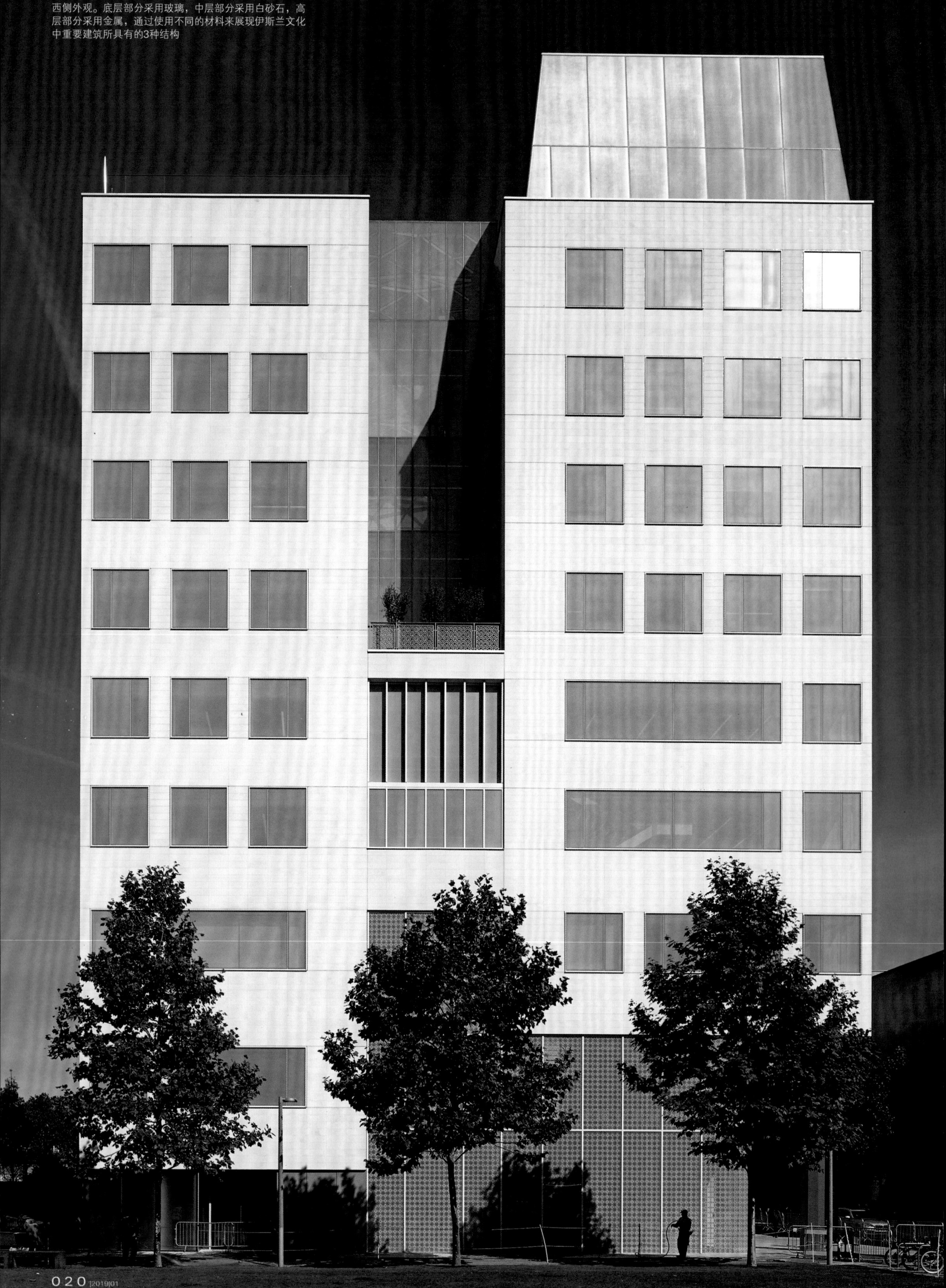

西侧外观。底层部分采用玻璃，中层部分采用白砂石，高层部分采用金属，通过使用不同的材料来展现伊斯兰文化中重要建筑所具有的3种结构

纵观南侧前方道路。在量感欠缺之处以及屋顶上设置6个不同主题的伊斯兰庭园。庭园一般对外开放，在这里开展学习伊斯兰文化的活动

外观近景。750 mm × 250 mm的白砂石被做成PC镶板形式，为使窗户玻璃面与外壁表面平坦，在窗框安装方面下了很多功夫（参照第23页）

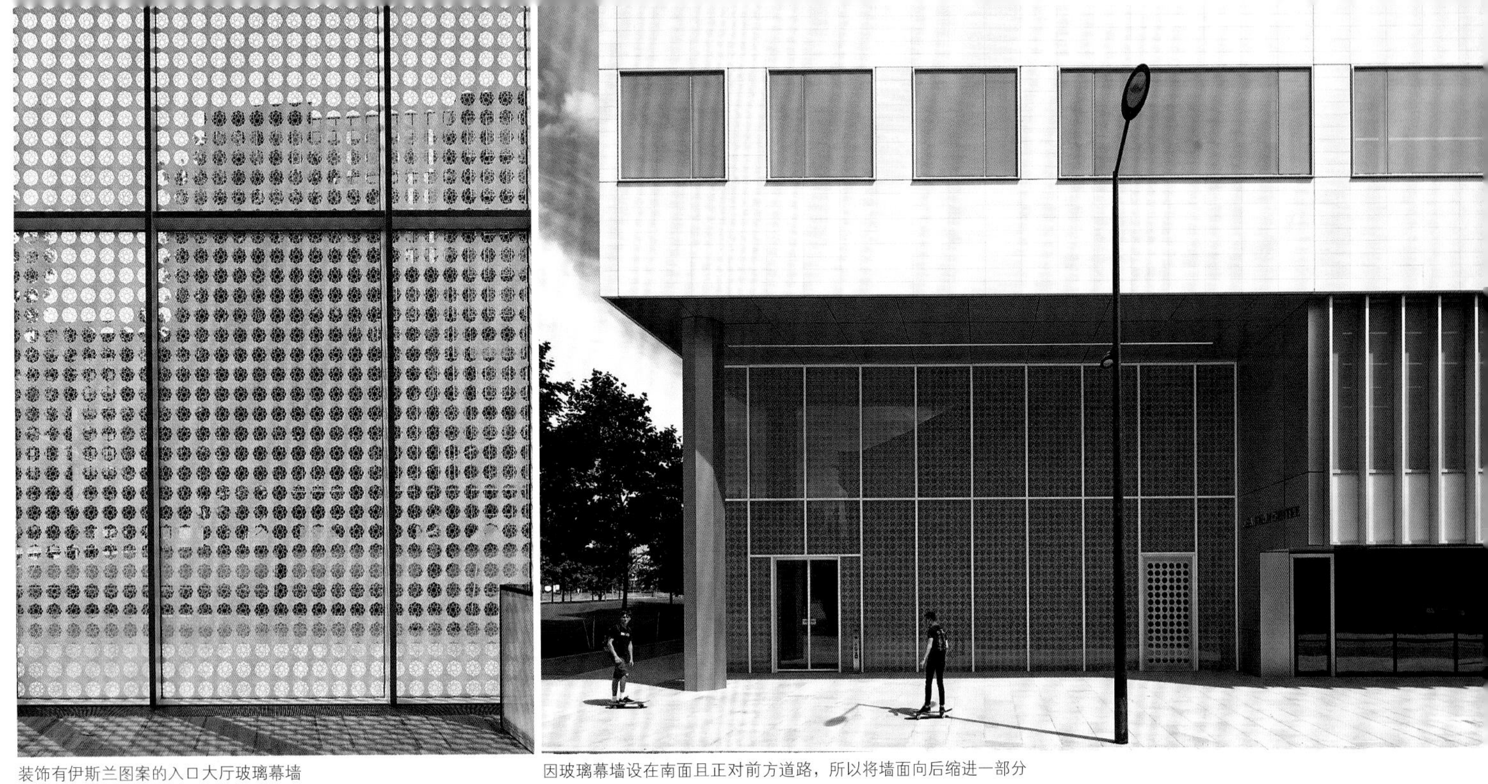

装饰有伊斯兰图案的入口大厅玻璃幕墙

因玻璃幕墙设在南面且正对前方道路，所以将墙面向后缩进一部分

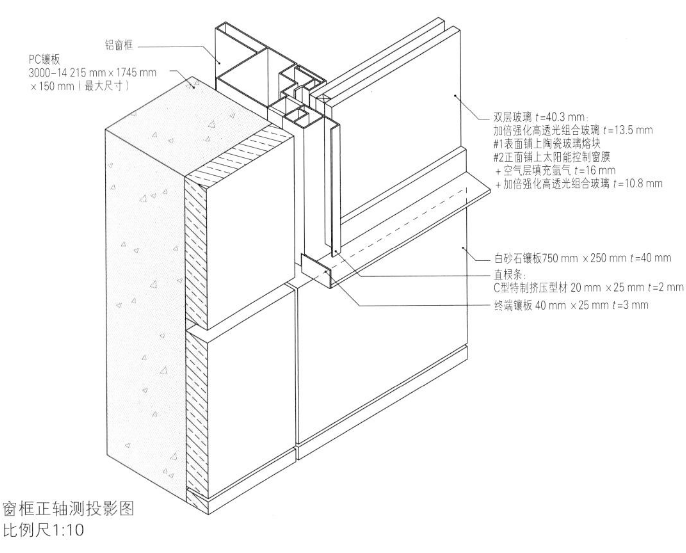

窗框正轴测投影图
比例尺1:10

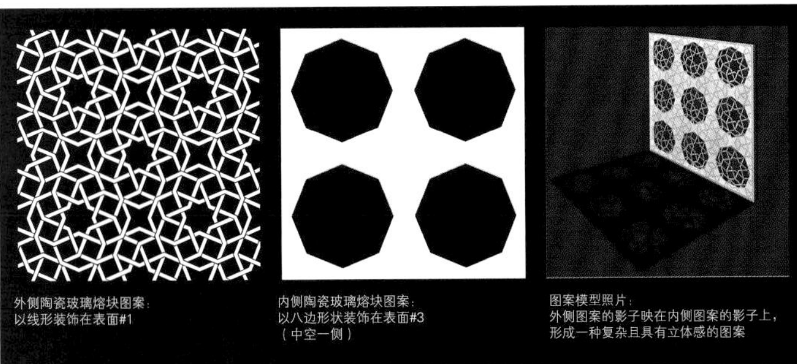

玻璃幕墙伊斯兰图案详图

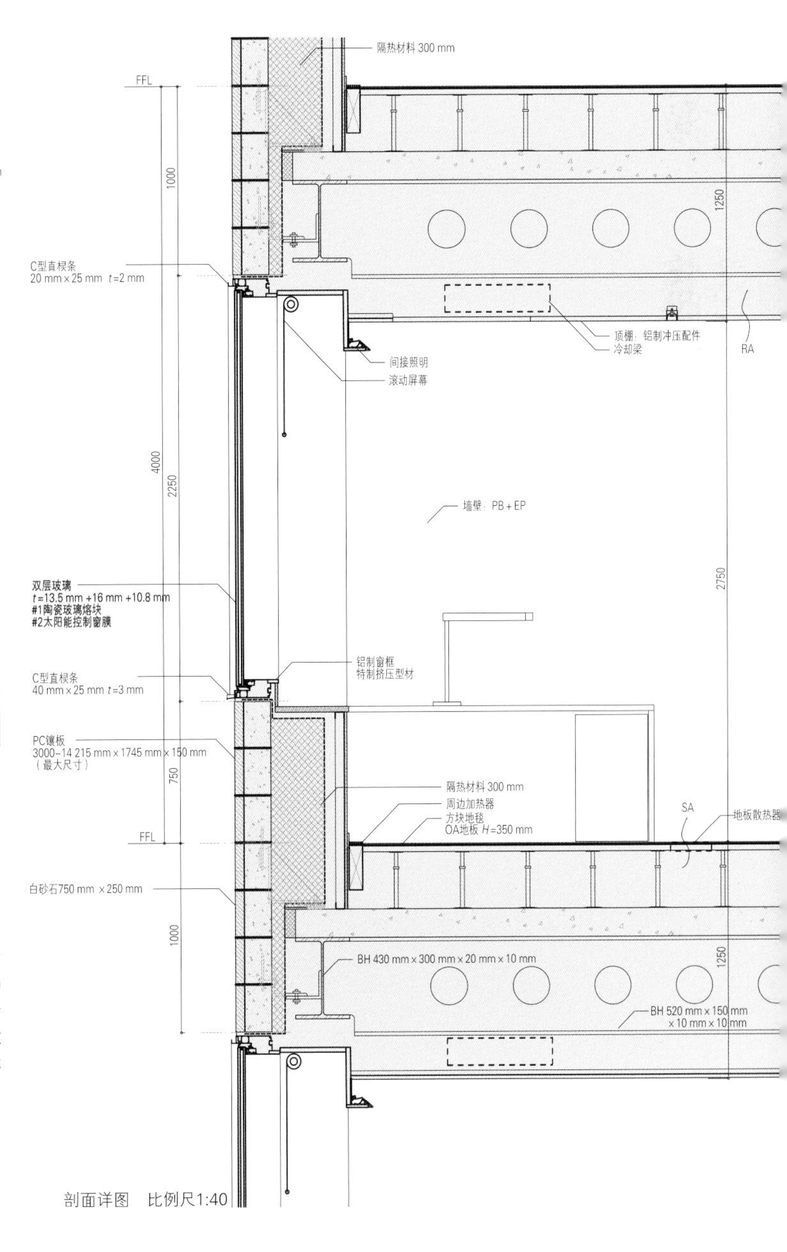

剖面详图 比例尺1:40

漂浮的白色量感

入口玻璃幕墙的双层玻璃中，表面#1用白砂石装饰，表面#3用陶瓷图案装饰，这两层交叉重叠，呈现出一种复杂的伊斯兰图案。建筑正面实现了兼具由外看内的神秘感和由内看外的透明感的效果。

具有3种结构的主楼使用产自西班牙的白砂石。石块进行PC化处理，尺寸为750 mm×250 mm，最大长度为14 m。为使主楼富有白色量感，玻璃表面#1装饰白色陶瓷熔块，窗户设为玻璃面和石面，两种表面交相辉映。窗框外侧设有直棂条，防止白砂石粉末被雨水冲刷后损伤或弄脏玻璃表面，起到雨棚的作用。

为达到英国建筑研究院环境评估法BREEAM中的优秀级别，外壁设有300 mm厚的隔热材料。在顶棚内，各空间的空调分别设有冷却梁和周边加热器。换气则通过OA地板，由地板进气，顶棚排气。这一排气路径在紧急情况下也可用来排烟。

（川﨑向太／槇综合策划事务所）

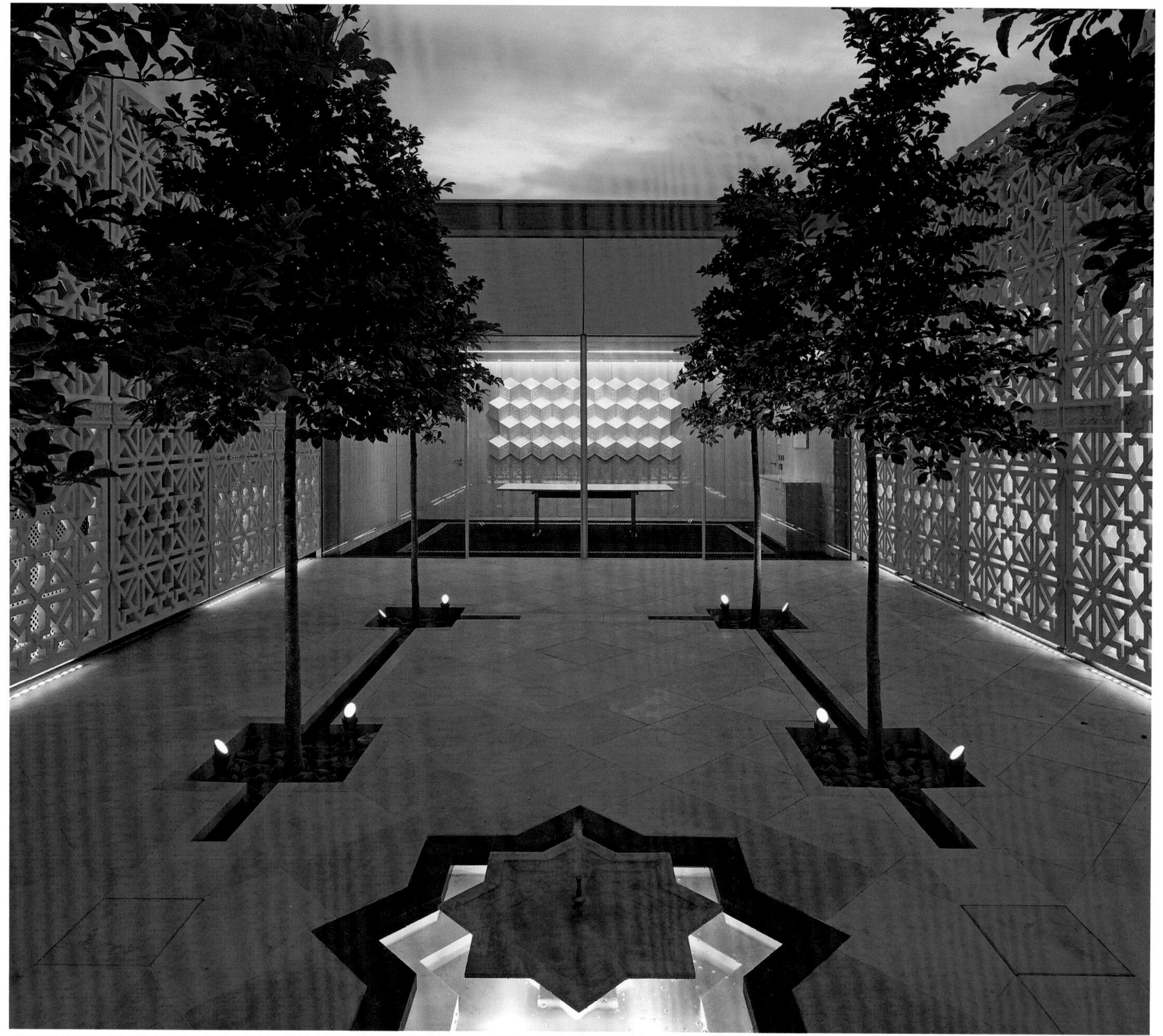

10层庭园景观。庭园形式也被称作四分庭园，装饰有几何学上的伊斯兰图案。四周被高4 m的无钢筋PC镶板（UHPC）包围，营造出一种寂静的氛围。与正面的前厅融为一体，用于举办活动等

英国传统文化与伊斯兰文化的融合

该建筑建于伦敦北部正在大规模开发的国王十字车站与圣潘克拉斯火车站的中心地带，面向丘比特公园，选址极佳。这是最近几年欧洲最大规模的再开发项目，开发对象为国王十字车站、欧洲之星新终点站圣潘克拉斯火车站的调车场旧址（参照第28页）。

项目用地内有伊斯兰教伊斯玛仪派的伊玛目（领导者）阿迦汗设立的两所大学以及阿迦汗财团英国总部。两所大学分别为AKU（阿迦汗大学）、IIS（伊斯梅利研究所），阿迦汗财团致力于开展各种活动，加深西欧地区对伊斯兰的理解。1层作为重新开发的公共空间开放使用，设有市民可利用的餐厅、店铺和展示空间等。2层以上为教室、图书馆、教师单间、研习生单间，最顶层为几处可以俯瞰整个城市的活动空间，这几处空间层层累积，通过设置于中间的9层通风中庭，实现空间性与视觉性的融会贯通。柔和的光线透过中庭射入这些空间。

外观不仅采用西欧风格，还引入伊斯兰文化中具有重要象征性建筑所采用的3种结构。基础部分多用玻璃，1层为公共空间，设为向市民开放的形式。主楼采用装饰白砂石和白色陶瓷熔块的窗户，呈现一种白色量感。白砂石最初用于伦敦王室、西班牙伊斯兰王室等重要建筑，采用白砂石十分符合该建筑的特色。王冠的形态以银色金属来展现。我们以现代方法使用这些传统素材，探索3种结构的新型表现形式。阿迦汗对该建筑的构想蓝图是希望它能成为公园发祥之地，在十分偏爱庭园的英国，建造多姿多彩且富有魅力的花园。与此同时，通过设置伊斯兰庭园，将伊斯兰文化的多样性以西欧文化的形式呈现出来，加强人们对伊斯兰的理解。根据不同用途设有6个花园，建在建筑的间隙和屋顶，以伊斯兰文化为主题，具有时代感，其大小、方位、类型以及使用方法都存在一定差异，既有类似室外房间的主题，也有展现当地植物、花香、水流等自然景色的主题。这些花园是学生学习的地方，也是开展教育的场所。现在，该建筑一般对外开放，由教授组织开展围绕花园的学习之旅。希望这里能让伊斯兰教徒以及来此访问的人们切身感受伊斯兰庭园的多样性和艺术性，进而体会伊斯兰文化的博大精深。

（龟本Geiri + 川崎向太/槙综合策划事务所）

（翻译：李佳泽）

2层中庭露台。顶棚高度8 m。该设计常见于波斯、埃及等地，被称作“MAKUADO”，室外房间与外部庭园存在一定联系。通常，这种空间的特征是在顶棚和栏杆上雕刻图案。未来计划与朝北的庭园（Zone R Garden）相接。玻璃上的伊斯兰图案参照第23页*

上：空中花园看向会议室。幕墙使用带铝网的双层玻璃**/下：会议室朝向西侧的公园方向**

设计：建筑：槙综合策划事务所
设计协助：Allies and Morrison
结构：Expedition Engineering
设备：Arup
景观：Nelson Byrd Woltz（中庭）
Madison Cox（空中花园）
施工：BAM Construct UK
用地面积：1170 m^2
建筑面积：1170 m^2
使用面积：10 929.8 m^2
层数：地下2层　地上10层
结构：铁架结构　部分钢筋混凝土结构
工期：2016年2月—2018年6月
摄影：Edmund Sumner
*摄影：Hufton + Crow
**摄影：槙综合策划事务所
（项目说明详见第153页）

办公室看向中庭。将钢筋混凝土的核心区域分散开来，创造贯穿中庭和开口部的视角**

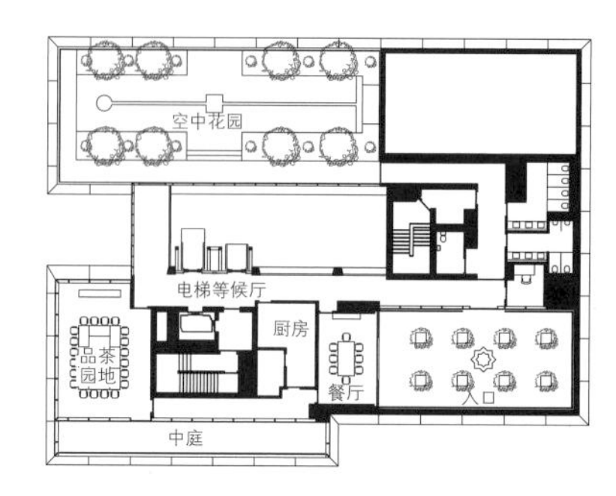

10层平面图

6层平面图

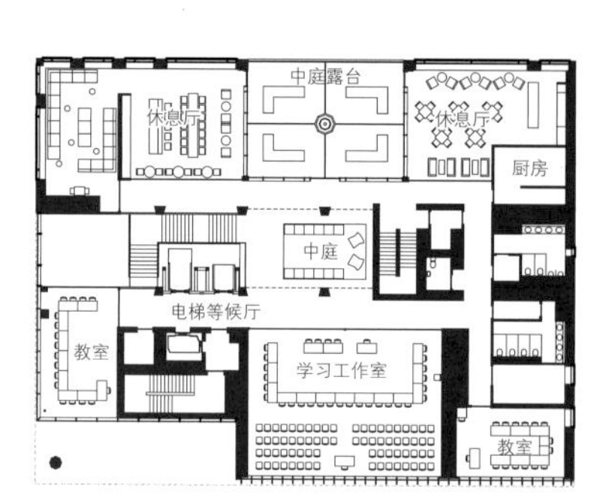

2层平面图

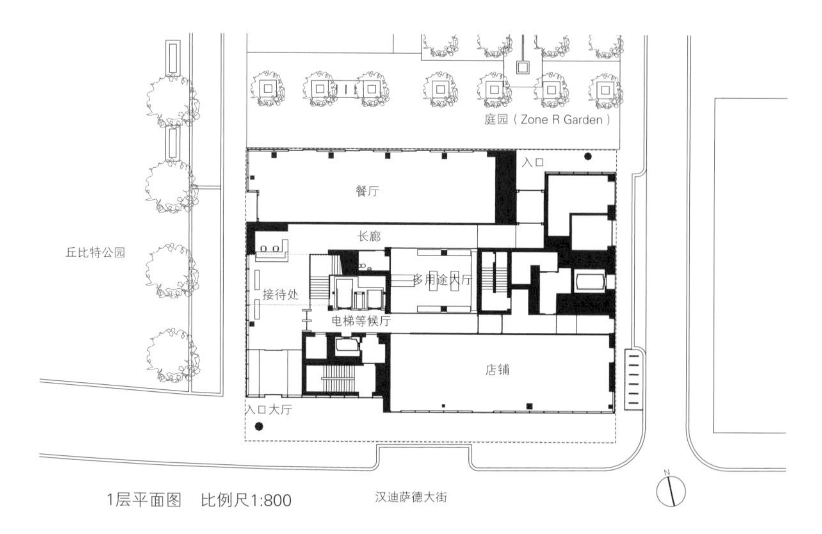

1层平面图　比例尺1:800

空中花园
空中露台
图书馆
中庭
接待处
多用途大厅
10层：活动空间
9层：阿迦汗财团. IIS
7~9层：IIS
6层：AKU
4~5层：图书室（IIS、AKU共有）
2~3层：IIS及AKU的教师单间

东西剖面图　比例尺1:800

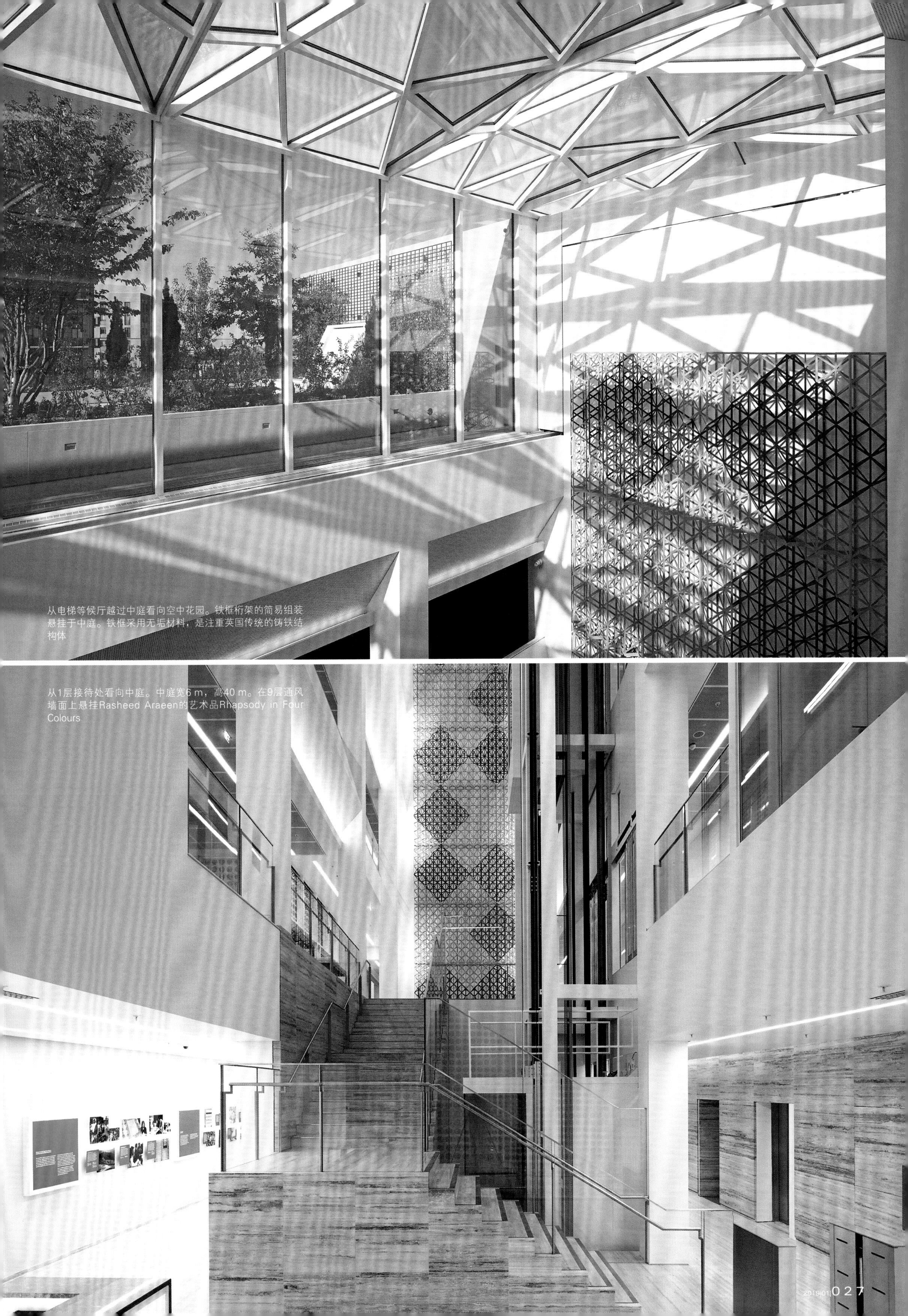

从电梯等候厅越过中庭看向空中花园。铁框桁架的简易组装悬挂于中庭。铁框采用无垢材料，是注重英国传统的铸铁结构体

从1层接待处看向中庭。中庭宽6 m，高40 m。在9层通风墙面上悬挂Rasheed Araeen的艺术品Rhapsody in Four Colours

关于阿迦汗发展网络的三个项目

槙文彦（建筑师）

图片提供：槇综合策划事务所

从东北方向俯瞰。红色部分为阿迦汗中心

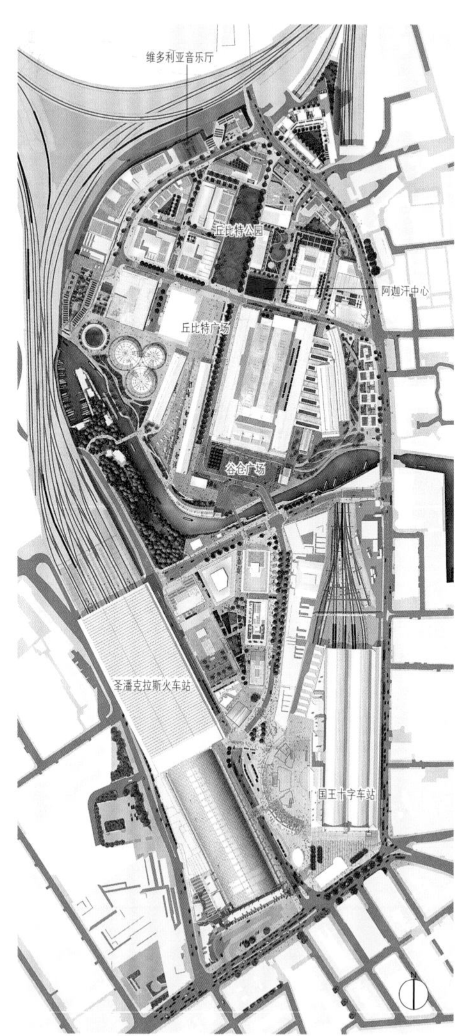

区域图　比例尺1:12 000
国王十字车站及圣潘克拉斯火车站周边开发区域。阿迦汗中心涵盖两所大学，其学生宿舍建于用地北部，利用这两处设施开展庭园参观学习之旅

自2008年完成渥太华伊斯玛仪伊玛目纪念馆以来，此次发表的伦敦阿迦汗中心是我们与同一位委托人开展的第三个项目。为什么我们会逐渐参与到阿迦汗财团的项目中呢？首先，我想谈谈它的历史。

我第一次接触阿迦汗相关人士是在1996年。众所周知，自9世纪以来，伊斯玛仪派是伊斯兰教中十分有实力的一派，目前已经世袭到阿迦汗的第49代伊玛目（家主），一直以来在印度、非洲以及北美、欧洲等多个国家和地区开展多种文化和慈善活动。其中的一项文化活动是由阿迦汗文化信托基金会（AKTC）举办的阿迦汗国际建筑奖。该奖项每三年评选一次，表彰优秀伊斯兰建筑。1986年，其中一位审查员邀请了我。当时在阿迦汗财团的基地日内瓦开展为期数日的审查工作，当时一位来自印度的审查员巴克里希纳・多西邀我一同访问位于莱芒湖畔的母亲之家——Villa Le Lac。该项目建于湖畔，出自建筑师勒・柯布西耶之手，这件事令我记忆犹新。1992年，我再次受邀参与审查会，与财团的成员逐渐熟悉起来。

2002年，财团的骨干之一突然联系我，问我是否有兴趣设计位于渥太华的伊斯玛仪伊玛目纪念馆。实际上，本来是计划进行国际设计竞赛来选定项目设计师，但由于日程安排十分紧张，所以就打探了一下我的意向。当时给我发来的就是设计竞赛的简章。但是，渥太华的项目包括设计、施工在内花费了6年的时间，所以是否真的是因为时间不足才联系我的呢？对此我稍微抱有一丝疑问。

伊斯玛仪伊玛目纪念馆位于渥太华河沿岸，是各国大使馆聚集之地。设施特点在于外壁采用被称为NEOPARIE的微晶玻璃。我记得非常清楚的一件事就是阿迦汗家主曾说过对建筑十分感兴趣，所以设计模型一出来就把我们从日本叫到当地，一起在现场检验踩点，这件事我记得非常清楚。巨大玻璃屋顶之下设置中庭，可以用于举办各种文化活动。

项目竣工至今已有10年，我感触最深的就是这里已经成为大多伊斯玛仪派教徒经常访问的地方。埃及和伊拉克同样信仰伊斯兰教，但并不是伊斯玛仪派，所以对于生活在那里的伊斯玛仪派教徒来说，这种设施就相当于巡礼之地。在看到伊斯玛仪派教徒陆续访问伦敦阿迦汗中心之后，这种想法愈加强烈。

接下来谈一谈建于加拿大多伦多的阿迦汗博物

两张图片提供：日本新建筑社摄影部

左：伊斯玛仪伊玛目纪念馆的外观。外壁由高透光玻璃、半透明陶瓷熔块玻璃、白色微晶玻璃构成/右：中庭由屋顶的高透光玻璃、悬挂的玻璃纤维网状屏幕组成，装在墙壁上的铝制屏幕铸件层层累积

从2层中庭看向1层接待处

6层空中露台。采用中东常见的庭院形式，被称作伊万

馆。为什么还是选择建在加拿大呢?

据我所知，以南非北部、肯尼亚为中心居住的伊斯玛仪派教徒曾遭受原住民的迫害，当时给予他们温暖，接受他们的国家就是加拿大。因此，阿迦汗选择将这两处设施建在加拿大。他本身在加拿大享受国宾级待遇。

在开始设计渥太华伊斯玛仪伊玛目纪念馆的2004年，阿迦汗财团也是通过电话提出计划在多伦多建立阿迦汗博物馆，并委托我进行设计。博物馆一旦落成，就是北美第一家以展示伊斯兰艺术为中心的博物馆。我接受委托后，收到了来自阿迦汗的一封长达5页的信件，内容涉及他对博物馆的期望以及建筑的详细情况。据他所言，《古兰经》认为“光指引人们幸福”，因此，他希望此次的设计能让博物馆内外广泛沐浴在自然光之下。

考虑到多伦多的自然环境以及内部的贵重艺术品，外壁最适合采用花岗岩，为了找到对自然光阴影最敏感的白石，我们用了两年的时间，发现了一种产自巴西的花岗岩。而且，为使建筑在不同楼层分别呈现不同的光效果，尝试在表层设计时采用不同角度的角铁。当时也是将大型模型运到现场，由阿迦汗家主亲自检验查证。伦敦阿迦汗中心与前述的两个项目不同，是通过设计竞赛从数名候选者中选定设计师。这个项目也采用了白色花岗岩，但种类不同于阿迦汗博物馆，而是采用一种产自西班牙的白砂石。

该建筑的特点之一在于涵盖了多个伊斯兰花园，这是家主的强烈期望。伊斯兰教中，庭园指外部的房屋，这一特点体现在最顶层东南方向设置的中庭上。我当时不知为何需要这种庭园，家主像阿迦汗博物馆的时候一样，给我寄了一封长达数页的信件，希望人们通过体验庭园，加深对伊斯兰文化的理解。

在我的建筑生涯中，这是唯一一位给予如此详细说明的委托人。另外，虽然没有收到信件，但还有一次也让我感觉到委托人对建筑项目的强烈关注，那是一家建于瑞士巴赛尔名为诺华的制药企业，建筑名称为Novartis・Campus。当时，我们建筑师与公司首席执行官Daniel Vasella以及该建筑使用方利用各种建筑模型，就建筑环境内外的各种问题进行细致的检查验证。我们深深感受到了委托人的满腔热情。

回到阿迦汗的项目。他原本提倡文化多元主义。这与我们的设计相契合，例如，项目外观虽然属于现代主义，但进入建筑内部就能体验到伊斯兰文化的氛围，这对于现代派建筑师来说，也属于一种比较容易的设计手法。再如，内部地板的图案、中庭屏幕的图案等都强烈体现出伊斯兰的特性。而且，从远处来看，阿迦汗中心就是一块普通的玻璃幕墙，但靠近之后就会发现玻璃面上印有大量伊斯兰代表性图案的陶瓷熔块。

通过此次落成的阿迦汗中心，我们发现除了伊斯玛仪派教徒之外，也有许多普通群众对伊斯兰文化抱有浓厚兴趣。2018年9月，伦敦当年落成的几处建筑公开举办了为期两天的设计日，而在阿迦汗中心外面则排起了多达1000人的长队。

这三处建筑是当初槙综合策划事务所的副所长龟本Geiri等核心成员耗时16年完成的设计，其蕴藏真挚情感的设计和监理获得了阿迦汗相关人士的信赖。渥太华、多伦多、伦敦，能在这些设计、施工都不像日本那么容易的地方建成既注重细节又品质优良的建筑，是我们无上的光荣。

左：阿迦汗博物馆。展示阿迦汗所拥有的藏品，传播伊斯兰文化。在南北轴方向倾斜45°，使每一面都能接收到阳光。产自巴西的花岗岩表面采用喷砂工艺，增强白色质感/右：庭园视角。玻璃面上印有伊斯兰风格的几何图案。根据阳光照射的角度，投射至室内的图案也随之变化

长野市第一政府大楼、长野市艺术馆

设计　**槇综合策划事务所・长野协同设计组合**

施工　前田・饭岛建设企业联营体（长野市艺术馆）

北野・千广・鹿熊建设企业联营体（长野市第一政府大楼）

所在地　长野县长野市

NAGANO CITY HALL 1ST & NAGANO CITY ARTS CENTER

architects: MAKI AND ASSOCIATES

综合性城市景色

长野市第一政府大楼、长野市艺术馆于2012年开始设计，2015年底竣工。翌年搬入新馆，拆迁相邻的旧政府大楼，在原场地上建设广场，整个项目于2018年完成。

用地面向长野市的城市中心轴线道路，控制道路两侧的建筑高度，同时将建筑主立面设计成分段结构，实现街区整体的融合。用地周围设置几处公共设施。该项目与这些设施相辅相成，将这一地带打造成一块绿色环保且令人感到舒心的现代化结构空间。1层对外开放，在内外相连的公共区域设置各种供市民使用的空间。建筑内部可眺望外部广场的浓浓绿意以及街区的繁华景色，建筑外部可窥见内部举行的活动。在建筑内与外的联系中，人们的视线相互碰撞，形成能够感受到彼此存在的城市景观。

该建筑是兼具市政府大楼和艺术馆的复合型设施。市政府大楼1层是双方共用的场所，2层以上为政府办公场所，最顶层为会议室，属于阁楼层。另一方面，艺术馆的3个大厅各具特色，分别是以音乐为主的1300座多用途大厅（主厅）、注重自然音回声的300座音乐专业大厅（独奏音乐厅）、以戏剧为主的小型演播厅。3个大厅之间互不干扰，呈现立体音色。除了大厅之外，还设置戏剧和音乐练习室、合奏室、制作室等空间，鼓励市民不只是欣赏，更要积极参与到艺术当中。在中央设置中庭，并利用人流动线将两个设施连接于一体。政府大楼主要在工作日白天使用，艺术馆多在节假日和夜间使用，如此提高设施整体利用率。两者是由中庭相连的一体化设施，因此，在设计方面要采用相似元素，如在屋顶形状、窗框比例、材料及颜色等方面保持一体性。另一方面，艺术馆和政府大楼在内部空间的大小、质感以及功能上存在差异。这种特性差异在外观上有所反映。两者各具特色又相互融合，体现出设施的整体性。希望这种具有双重含义的综合设施能为城市增添一份新的色彩。

（若月幸敏／槙综合策划事务所）

（翻译：李佳泽）

北侧面向横贯长野市中央地区的昭和大道。西侧（右）为长野市第一政府大楼，东侧（左）为长野市艺术馆。各栋建筑顶部为铝制拱肩，用作会议室和大厅

西北侧外观。用地西侧设置政府大楼的前广场。为减轻对道路的压迫感，控制3层的房檐高度，将建筑的量感分段呈现。外壁的铝制镶板具有换气功能。面向北侧外壁的2层露台设置一处休息室

中庭和下沉花园之间设置大堂，将政府大楼和艺术馆连接于一体。架在中庭的支臂具有融合两栋建筑的作用。政府大楼南侧为原长野市第二政府大楼

站在中庭越过大堂看向昭和大道。1层作为公共空间向市民开放

从政府大楼1层的咖啡厅看昭和大道。顶棚高度3900 mm

从大堂看向中庭。入口大厅、市民交流区与艺术馆的主厅及休息厅相连（照片左侧）。中庭下侧设有独奏音乐厅

设计：统筹：槙综合策划事务所
建筑：槙综合策划事务所・长野协同设计组合
结构：梅泽建筑构造研究所
设备：综合设备计划
音响：永田音响设计
外部结构：on site计划设计事务所
施工：建筑主体：长野市艺术馆：前田・饭岛建设企业联营体
长野市第一政府大楼：北野・千广・鹿熊建设企业联营体
用地面积：13 004.47 m²
建筑面积：5784.02 m²
使用面积：28 498.67 m²
层数：地下2层 地上8层 阁楼1层
结构：钢筋混凝土结构 部分铁架钢筋混凝土结构 铁架结构（抗震结构）
工期：2013年8月—2015年11月（旧政府大楼解体・外部结构建设 2016年4月—2018年3月）
摄影：日本新建筑社摄影部
（项目说明详见第154页）

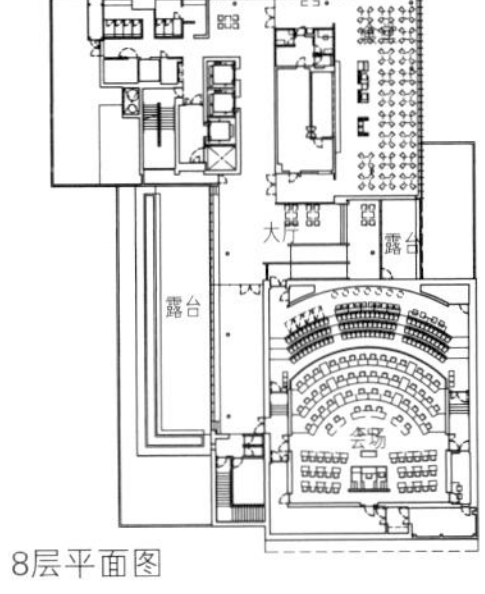

8层平面图

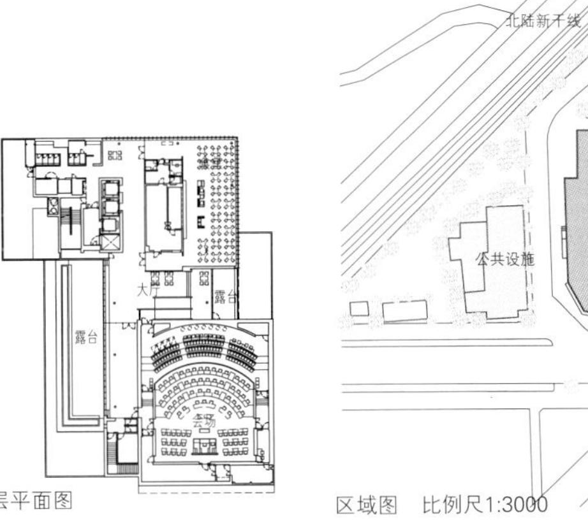

区域图 比例尺1:3000

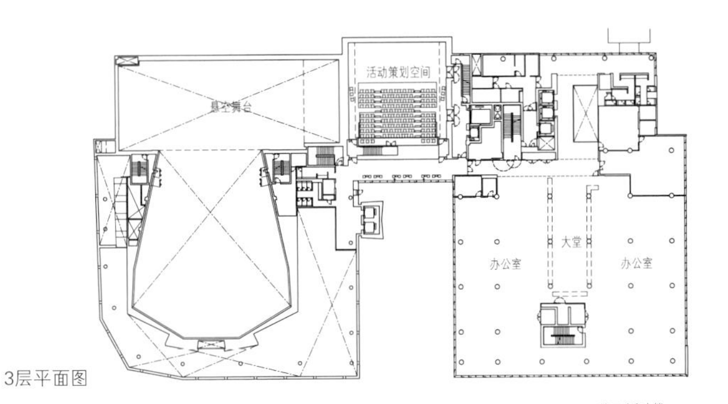

3层平面图

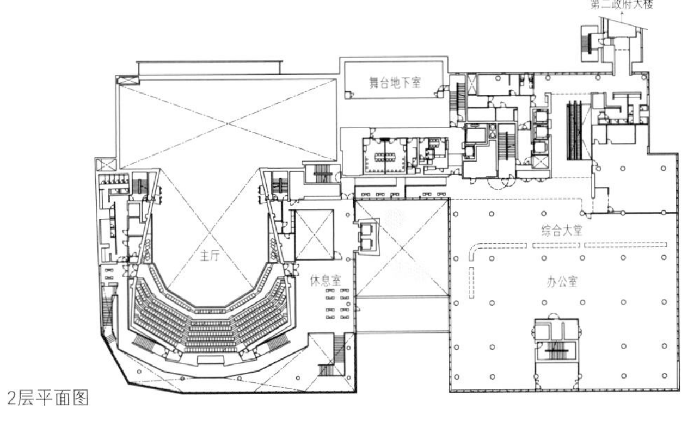

2层平面图

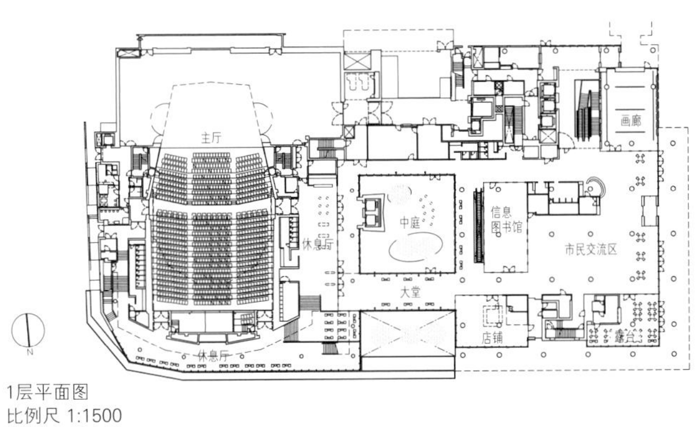

1层平面图
比例尺 1:1500

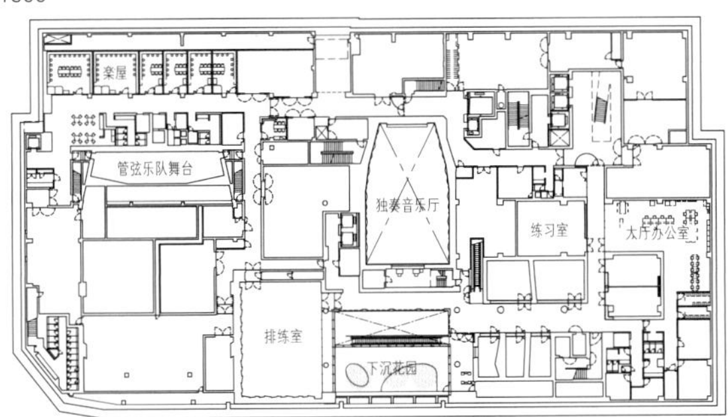

地下1层平面图

上：从1层主厅的休息厅看向中庭/中：大堂顶棚高度为3900 mm/下：地下1层排练室利用下沉花园采光

拥有1300座的主厅。壁面及顶棚的外观设计模拟在长野市看向周围群山的景象。
墙壁采用木基层面板粘贴施工技术，木板在上下方呈凹凸状（高度50 mm），提高举办音乐会时的音响性能

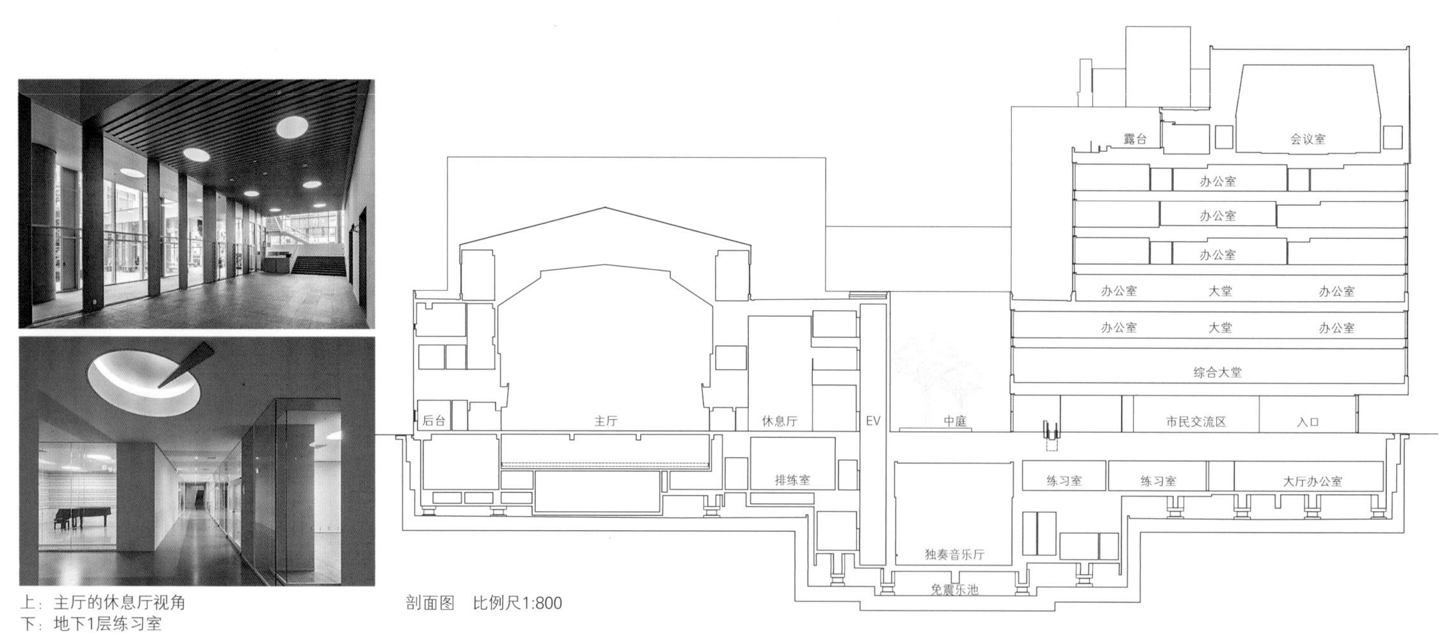

上：主厅的休息厅视角
下：地下1层练习室

剖面图　比例尺1:800

上：政府大楼最顶层设为会议室/下：300座的独奏音乐厅。以音波为原型在墙壁上呈现有3种高度的设计，从而达到扩散声音的目的

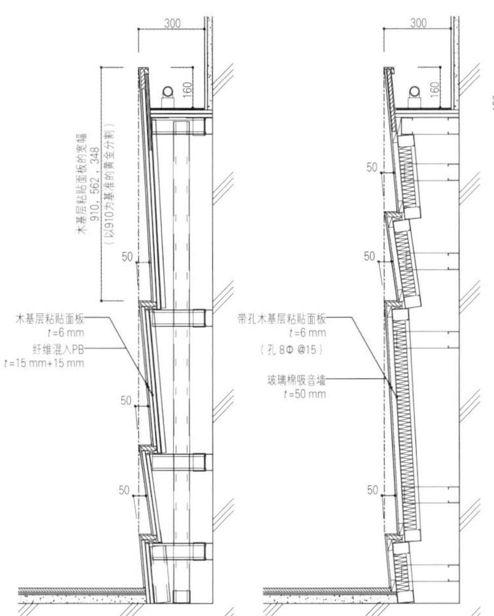

主厅剖面详图（左：前方，右：后方）

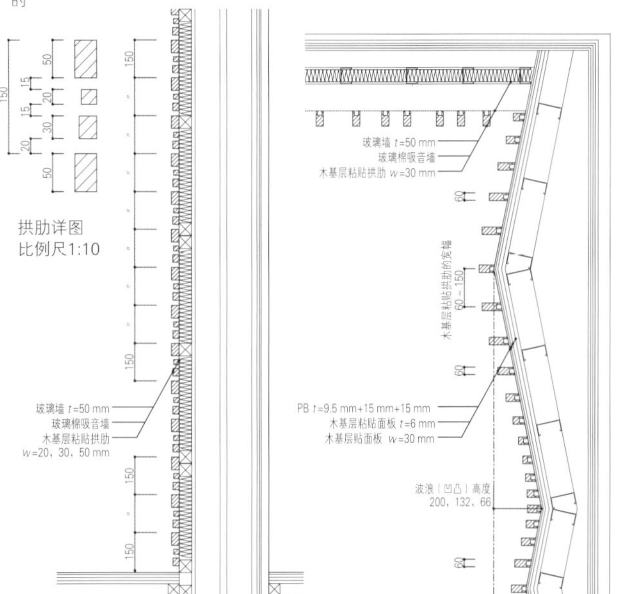

会议室墙壁剖面详图　比例尺1:30　　独奏音乐厅墙壁平面详图

声音的细节

主厅、独奏音乐厅和会议室的墙壁外观设计都以木材为主，同时为了配合各大厅的音响效果，墙壁设计选择不同的细节处理方式。会议室需要清晰明了地获取声音，所以墙壁设成木质拱肋的形状，缩短反射面。通过拱肋之间的多个吸音面，缩短声音回响时间。独奏音乐厅属于在现场演奏时欣赏魅力音色的音乐专用大厅，所以需要延长声音回响时间。通过波状的凹凸型墙面和木质横向拱肋，将声音扩散到各个方向。主厅为具有可动音响反射板的音乐多用途大厅，所以需要略微延长声音回响时间。墙面的木板设置为具有凹凸性的分段结构，同时以包围长野的群山为原型，墙面线型在凹凸设计上灵活多变，从而向各个方向扩散声音。大厅后面的墙壁设有带有吸音效果的有孔木板，控制不需要的反射音。

（德重敦史/槇综合策划事务所）

（暂定名）奈义町多世代交流广场 奈义阶地〈第一期〉

设计　稻垣淳哉＋佐野哲史＋永井拓生＋堀英祐／Eureka（建筑）
　　　山田裕贵＋山本良太／Tetor（土木景观）

施工　森安建设

所在地　冈山县胜田郡奈义町

NAGI TERRACE

architects: JUNYA INAGAKI + SATOSHI SANO + TAKUO NAGAI + EISUKE HORI / EUREKA（ARCHITECTURE）
YUKI YAMADA + RYOTA YAMAMOTO / TETOR（CIVIL ENGINEERING & LANDSCAPE）

立足于奈义町的总体设计方案，计划在位于冈山县奈义町中央地带的大型商场旧址上建设新的交流设施，包括公交等候区、导游中心以及商铺，旨在打造城市中心区人流聚集的据点。照片中左侧里面所见立方体形状的建筑为奈义町立图书馆，其旁边的圆筒形建筑为奈义町现代美术馆

立足于总体设计的战略行动方案

近年来，随着出生率下降和人口老龄化加剧，奈义町通过一系列政策致力于创造轻松的育儿环境，总生育率达到了2.81（约为日本全国平均水平的2倍）。从2016年起，我们与熊本大学景观设计研究室一道，以奈义町未来50年的生活方式和景观为导向，制订立足总体的宏观设计方案，奈义阶地便是计划之一。

小小据点孕育美丽景观

奈义町的北侧，那岐山婀娜隽秀，山脉缓缓向南延伸，无数个小水池点缀其间。奈义阶地如同一个小小的生活聚会场所，在这里，你可以同变化万千的自然风景相遇，感受人们的喜笑悲欢。市政厅前，国道沿线的用地以公交等候区和导游中心为核心，为公共交通的关键部分，是町内交通·交流的新基地。吸引商户入驻，计划运营“城市营业部”，支持町内自主创业，逐步实现小型商业经营模式。在设计之前，我们对此地相关的地图和风景照片进行研究调查，以了解町镇的悠久历史和往昔岁月。由此得知，曾经的蓄水池作为农业公用设施被保存下来，在维系生活的同时，亦可作为景观供人观赏。水池作为景观元素展现在大家眼前，斜坡犹如长廊通向水池。土木景观和建筑一气呵成，浑然一体，这便是本项目的独特之处。人们在户外相聚相依，水池同人们的生活融合，这里成为反映町镇日常生活的新景观。

适应当地的本土形态

这一木结构建筑由3栋互相连接的小栋建筑组成。各栋正堂横梁为层积材，呈对角穿过，实现町镇的景观要素和奈义阶地的多方向性，室内到室外彼此联通，促进参观者的流动。屋顶经过重新装饰被分割开来，呈倾斜状，随山脉和房屋的变化而变化，与倒映在池中的轮廓遥相呼应，同周围的环境融合成一个整体。另一方面，充分考虑局部阵风——广户风的影响，制订抗风性能高的结构、环境计划，并基于此设计入口、开口、屋檐、外壁装饰等，旨在多角度全方面体现区域特征。

包容型公共空间

在町镇中心区域，设计环状散步道，以促进各个场所之间的联动。奈义阶地位于核心点，促使町镇成为一个整体的生态博物馆。露台和斜坡呈开放性，沿着环路一直延伸到町镇。整个规划注重居民与町镇的联系，以加深居民对町镇的情感。完工前的研讨会到后期的维护管理呈间断式进行，从多方面提高空间的可利用性，这是公共空间质量的重要体现。

（Eureka）

（翻译：赵碧宵）

从多功能空间看向南侧。这里可以欣赏市场池（左）和下池（右里）等多处景观。地板自然连接室内外，可移动隔板可将房间分开，设置迷你咖啡馆，这些设计将此处规划为多功能空间

从市场池堤后方看向町民休息室。计划在此规划出家庭、学校和公司之外的“第三空间”，以便中小学生在放学后拥有能够自主学习的时间和空间

从路口广场看向露台2。露台沿雁行排列的建筑而设，同时计划设置公交等候区

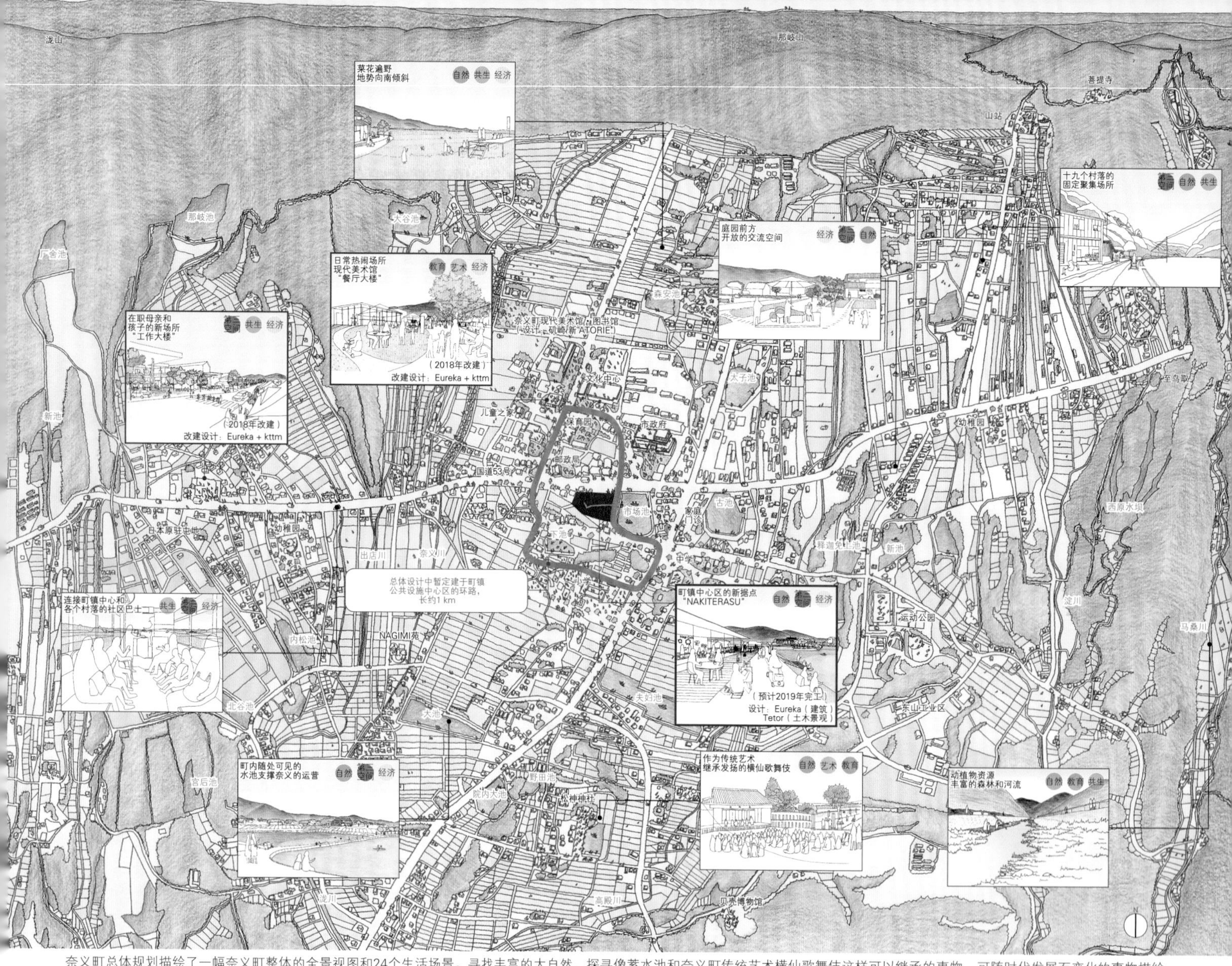

奈义町总体规划描绘了一幅奈义町整体的全景视图和24个生活场景。寻找丰富的大自然，探寻像蓄水池和奈义町传统艺术横仙歌舞伎这样可以继承的事物，可随时代发展而变化的事物描绘出多姿多彩的奈义。以"发掘未来"为口号，为奈义町今后的建设指明方向

奈义町总体规划

奈义町位于冈山县和鸟取县的交界处，北面是那岐山，是一座山间小镇。没有选择加入日本政府推行的市町村"平成大合并"，现约有6000人。如今，奈义町制订了"奈义町・人・工作创生综合战略"，开展各种各样的地方性创生项目，加之同时期制订的"城镇规划"的中心概念——"自然""艺术""城市与人"，以及城镇建设中的重要概念——"共生""第三空间""经济"，奈义町将这6个概念相互联合，有机统一，并将逐步实现目标。我们希望通过这6个概念将各地区紧密相连，消除彼此的生活界线，在整体合而为一的同时，各地区又各具特色。其中，事先将废弃的加油站改建成工作大楼，将奈义町现代美术馆中的一栋改建为餐厅大楼，并设置一家意大利餐厅，这些都是总体规划的一部分。另一方面，奈义阶地将建筑与土木完美结合，把奈义町的美丽风景呈现在大家眼前，体现了总体规划的精神。

（星野裕司 / 总体计划总监・熊本大学景观设计研究室）

左：西南视角看向奈义町中心地带/右上：奈义町现代美术馆餐厅大楼的改建。增设入口，正对环路的建筑主立面呈开放式设计/右下：工作大楼。改建废弃加油站。基于町镇企业用人需求和町镇居民的工作需要，将育儿女性和老年人同町内企业联系起来，为他们提供工作

总体设计总监：熊本大学景观设计研究室
设计：建筑・结构・环境：Eureka
设备：长谷川设备计划
施工：森安建设
用地面积：1959.84 m^2
建筑面积：273.62 m^2
使用面积：323.04 m^2
层数：地上2层
结构：木结构　部分为钢筋结构
工期：2017年9月—2018年3月
摄影：大仓英挥（特别标注除外）
（项目说明详见155页）

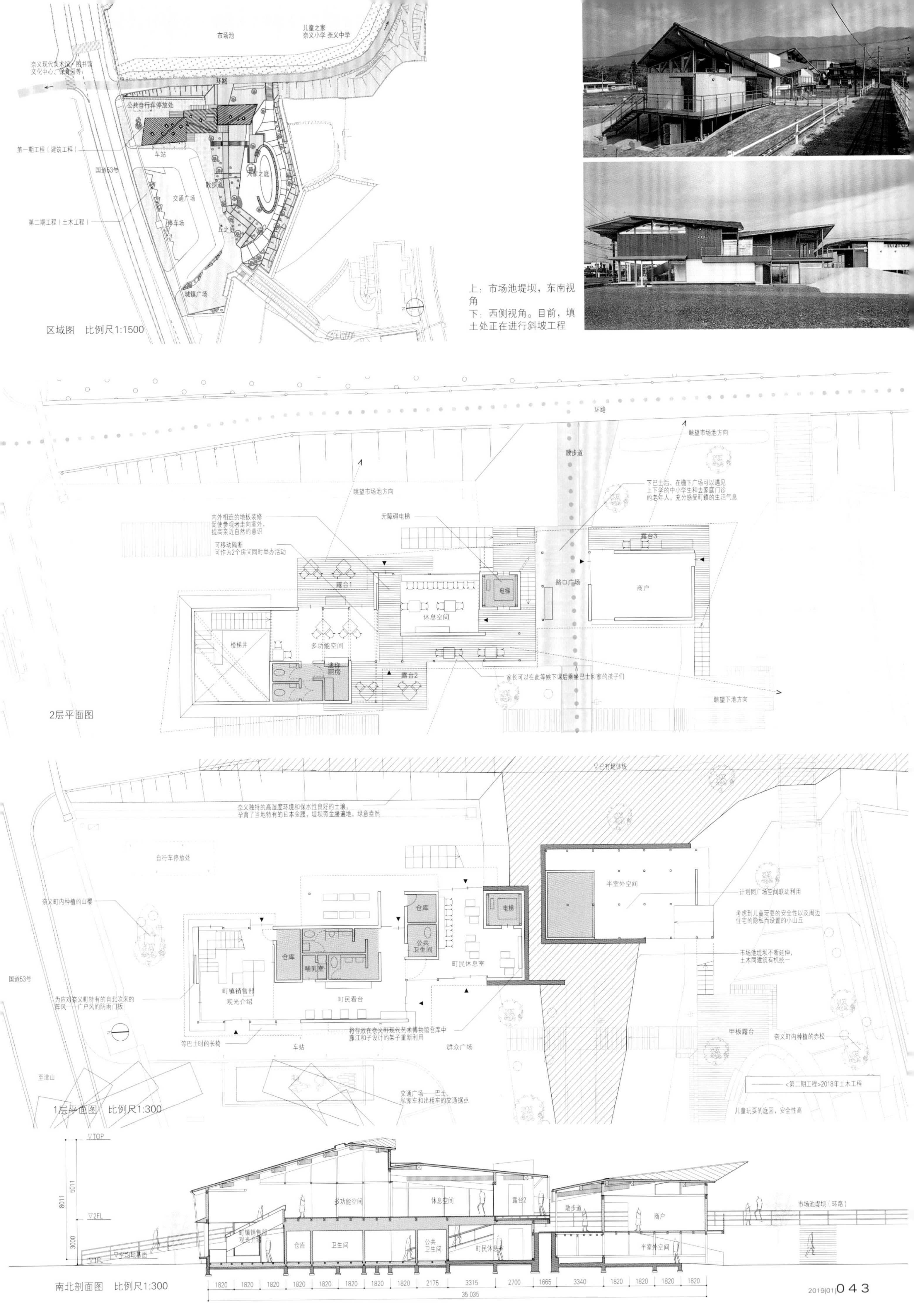

上：市场池堤坝，东南视角

下：西侧视角。目前，填土处正在进行斜坡工程

左上：交通广场视角。内外相连的町民休息室，檐下的长椅和雁行排列的露台，通过细节创造风景
左下：市场池堤坝视角。在外部楼梯的前段，计划于第二期工程中建设自行车停放处

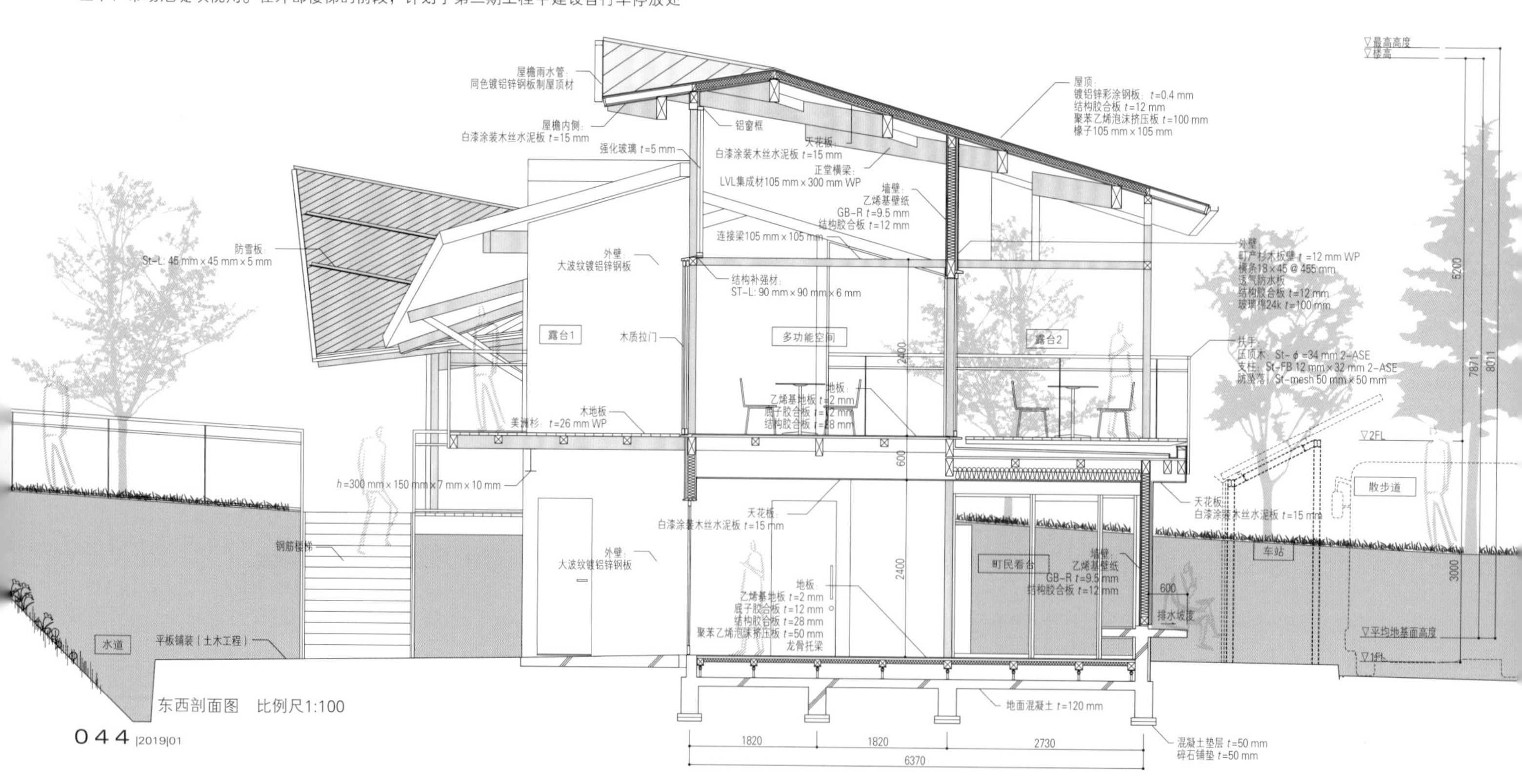

东西剖面图　比例尺1:100

右：北侧视角。延伸到池塘的长廊穿过用地，经由建筑同市场池堤坝相连。建筑物与堤坝留有一定距离，使堤坝本身不承受额外负重

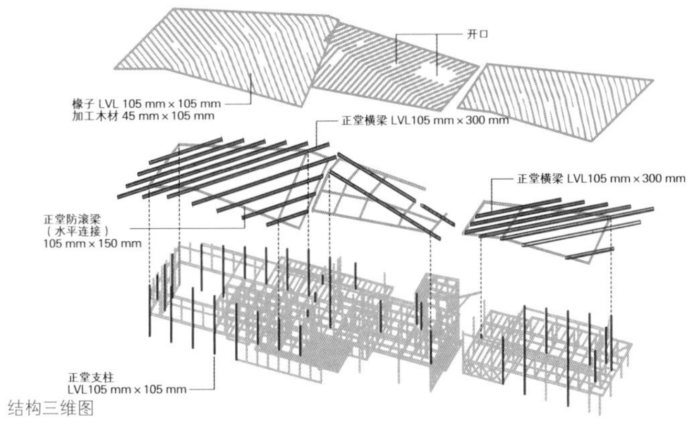

结构三维图

不规则屋顶和抗“广户风”设计

平面设计的特征是，在部分区域，将拥有较大挑空的规则矩形相互组合。同时，建筑搭配不规则的山形屋顶。在正堂横梁和外壁中心的交点处设置支柱，直接承受正堂横梁的重量。细长的直通柱利用钢管斜撑，木结构水平连接构件同水平结构表面相连，加强柱子的刚性，以免发生纵向弯曲。正堂之间水平连接，在施工期间可以防止梁体滚落。

奈义町的广户风风力极强，据记载最大瞬时风速曾达到每秒70 m，这给当地居民的生活带来诸多困扰。因此，建筑面临的最主要的短期负荷是风力负荷。在本计划中，所设定的风力负荷是根据基准法算得的压力速度的两倍（相当于平均风速的1.4倍），以确保高抗风性。同时，采用结构壁，在外壁和内隔板两侧粘贴胶合板，充分提高承重墙性能。

（永井拓生 / Eureka）

左：从楼梯看向多功能空间
右：施工期间2层的内部视图。建筑朝向、坡度各异的山形屋顶互相连接

大阪艺术大学 艺术科学系教学楼

设计　妹岛和世建筑设计事务所

施工　大成建设　日本电设工业

所在地　大阪府南河内郡

ARTSCIENCE DEPARTMENT BUILDING，OSAKA UNIVERSITY OF ARTS

architects: KAZUYO SEJIMA & ASSOCIATES

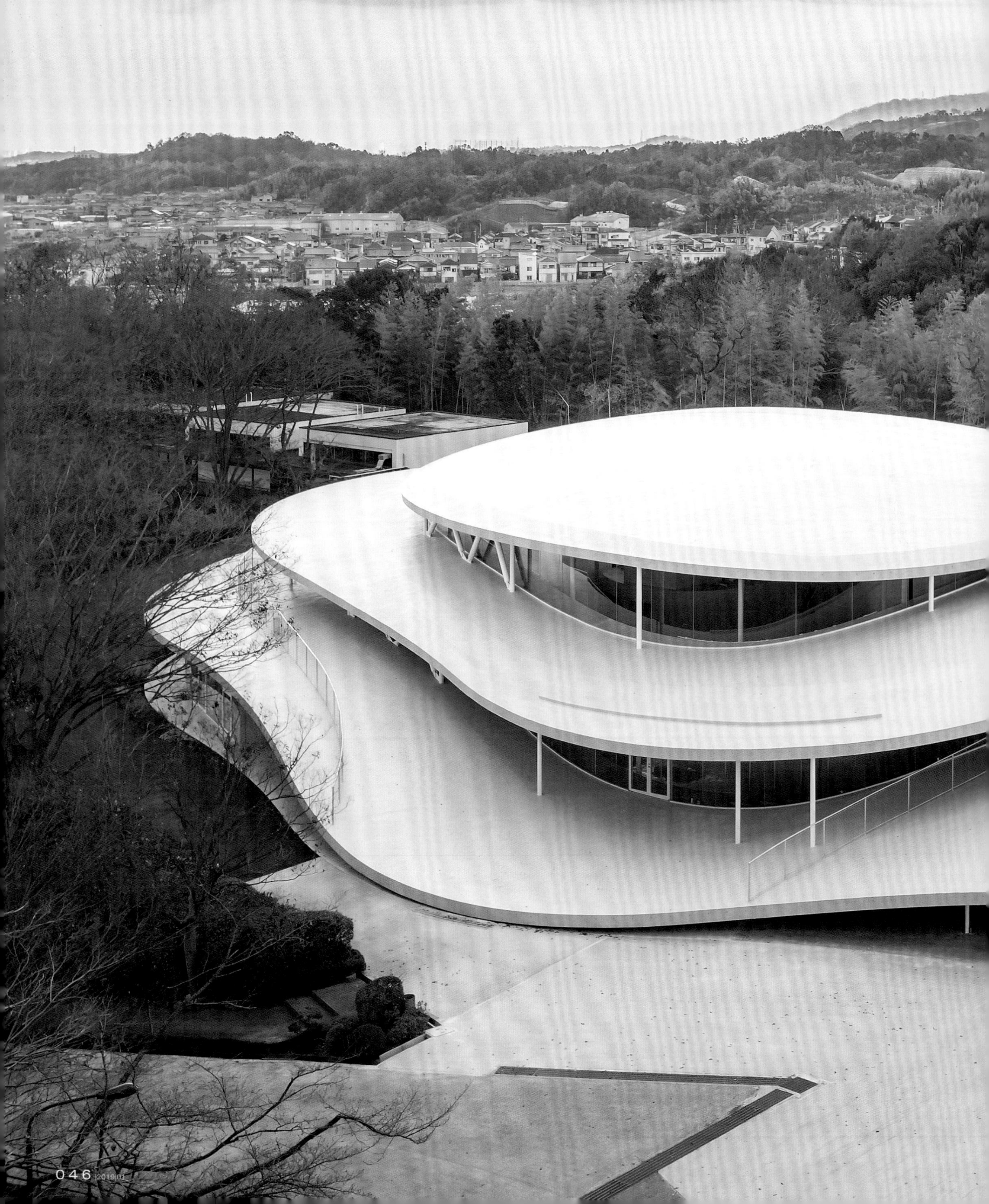

南侧俯瞰图。大阪艺术大学于2017年修建艺术科学系教学楼。它位于由高桥靗一设计的高岗校园（浪速艺术大学）的北端。楼板如同山丘般蜿蜒起伏，与延伸到新校舍的坡道和地形相呼应，形成一个景观接连不断的独特空间

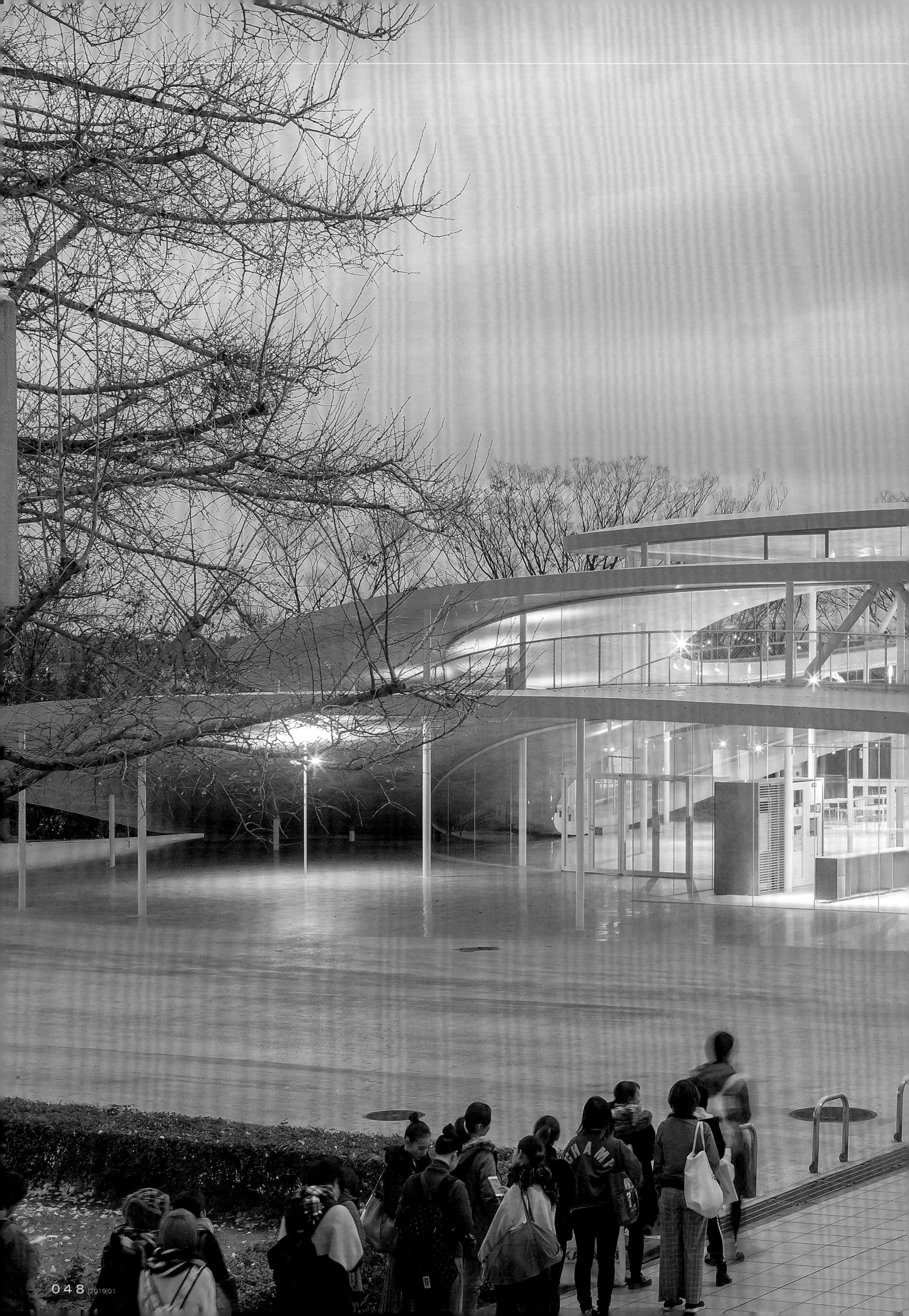

东南侧日落美景。5种直径为114.3 mm ~ 190.7 mm不等的钢筋柱和厚度为400 mm的环形楼板相叠，打造出一个大型空间

从东侧入口看向共享空间。开放型实验室不局限于特定的专业，而是如同校园入口一样，欢迎大家到此参观。最高顶棚高度达9320 mm

共享空间东北侧视角。支柱沿着9 m的网格基准线依次排开

建筑、环境浑然一体的美丽风景

该项目是大阪艺术大学修建的艺术科学系教学楼。

校园内地势起伏，细长蜿蜒。第一工作室的高桥靗一（1924～2016）先生花费30年的时间精心设计，对校舍和道路以及广场进行了总体规划。

教学楼用地位于校园正前方，走近教学楼，仿佛登上山顶，远处街道尽收眼底，四周绿意环绕，山脉连绵，令人豁然开朗。

这里设有可供学生利用的开放型实验室和工作室、教室和教员研究室，以及画廊。

我们计划在山体切割后的平坦场地上，建造一个可以同地形形成自然过渡的景观建筑，使其与山融为一体。

具体来说，就如同将一个山状的屋顶分为三个部分，阳光和风可以从缝隙间穿梭而过，由此创造出一个与周围环境浑然一体的、明亮的空间。

环形楼板相互叠搭，形成一个巨大空间。小巧的休息室和露台彼此相连，打造出各式各样的空间场所。同时，天花板可以反射出周围的景色，室内外景观巧妙融合，让人心情愉悦。

楼板起伏平缓，曲线柔和，一部分同地面相连，地形和建筑完美融合。

希望这座建筑能够成为大学的新地标。学生在此聚集、学习、放松，开展各种活动，成为校园内建筑与环境浑然一体的美丽风景。

（降矢宜幸＋原田直哉/妹岛和世建筑设计事务所）

（翻译：赵碧霄）

从2层东侧露台看向休息室。从楼板的缝隙间远远望去，隐约可见青青树木和远处的街道。照片前部的FPR（纤维增强复合材料）凳子，以及设置在共享空间的方形堆叠椅子均是本项目特殊订制物品

南侧塚本英世纪念馆·艺术信息中心视角。照片左侧为通向校园外面的坡道

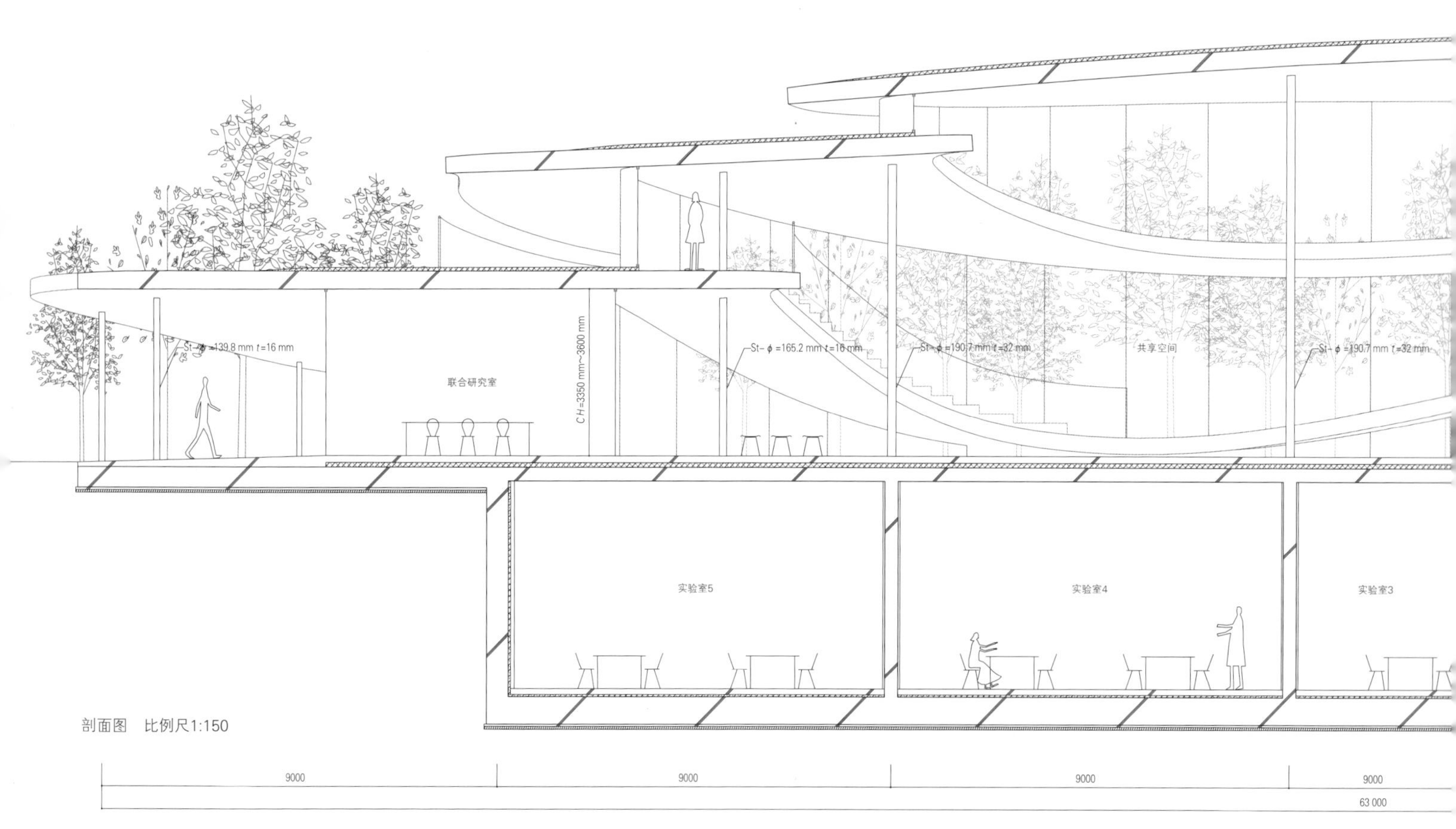

剖面图 比例尺1:150

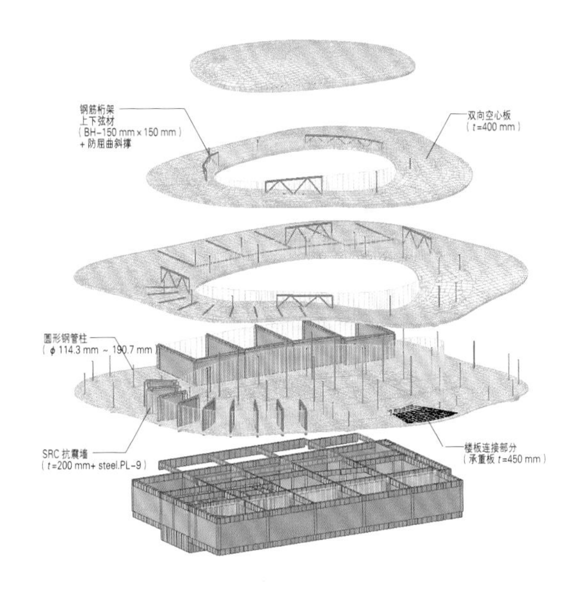

上：1层北侧露台/下：1层外部通道视角，看向教室（照片左侧）和共享空间（照片右侧）

充满透明感的结构

该建筑地上结构非常简单，主要由三部分组成：曲线柔和的弧形楼板、支撑楼板的钢筋柱和抵抗水平力的抗震部分。每一层的地板都是钢筋混凝土板（t=400 mm，双向空心板），支撑它的钢筋柱是5种类型的圆形钢管（φ=114.3 mm~190.7 mm），按照网格基准线（9 m）的位置依次排开。此外，2层的抗震构件使用斜支柱，同时和上下楼板之间安装上下弦材（BH-150 mmx150 mm）相互搭配，组成桁架梁，以应对局部间增大的板坯跨度。在设计楼板形状和各房间的同时进行抗震规划，实现明亮通透的效果。

（犬饲基史/佐佐木睦朗结构策划研究所）

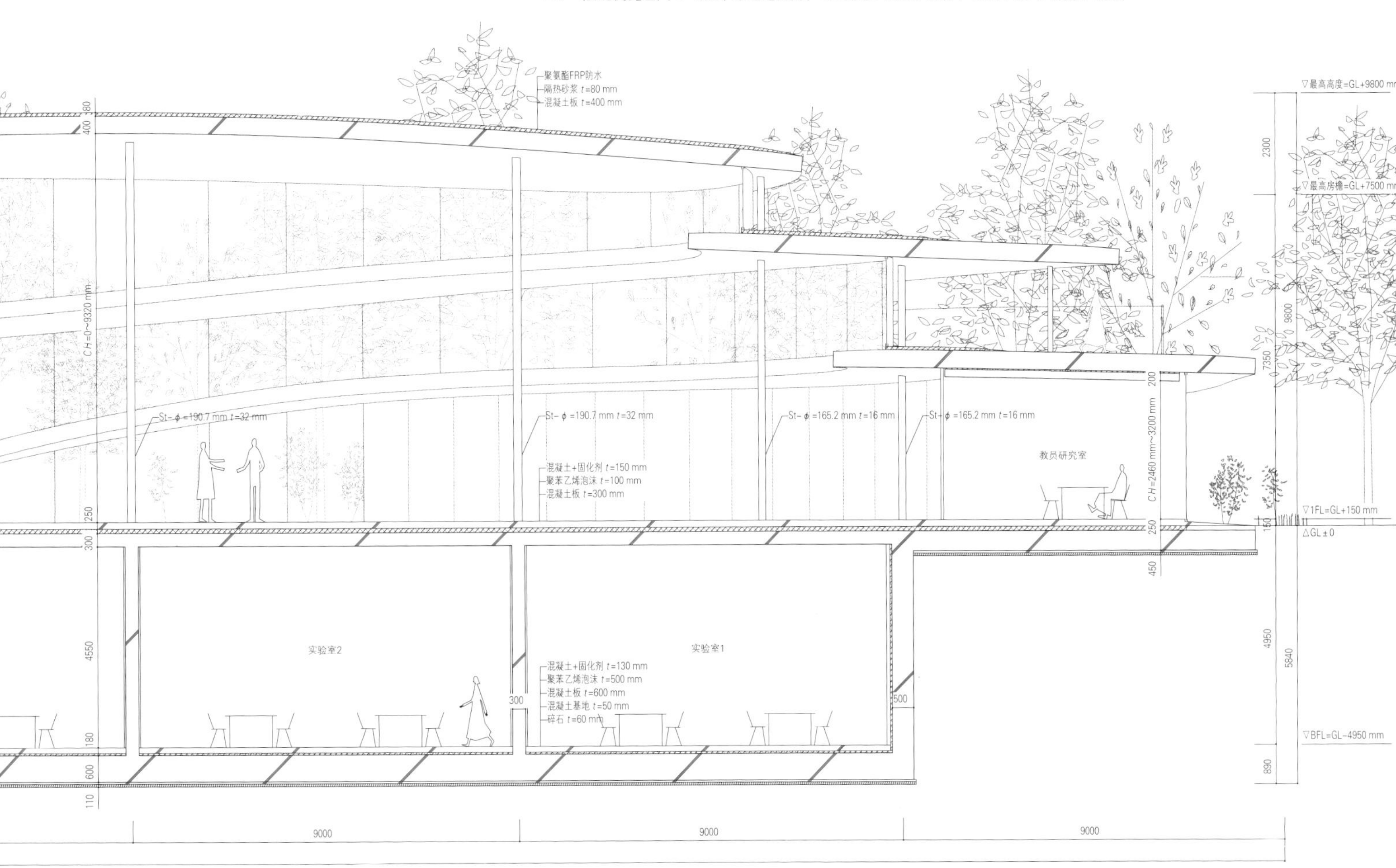

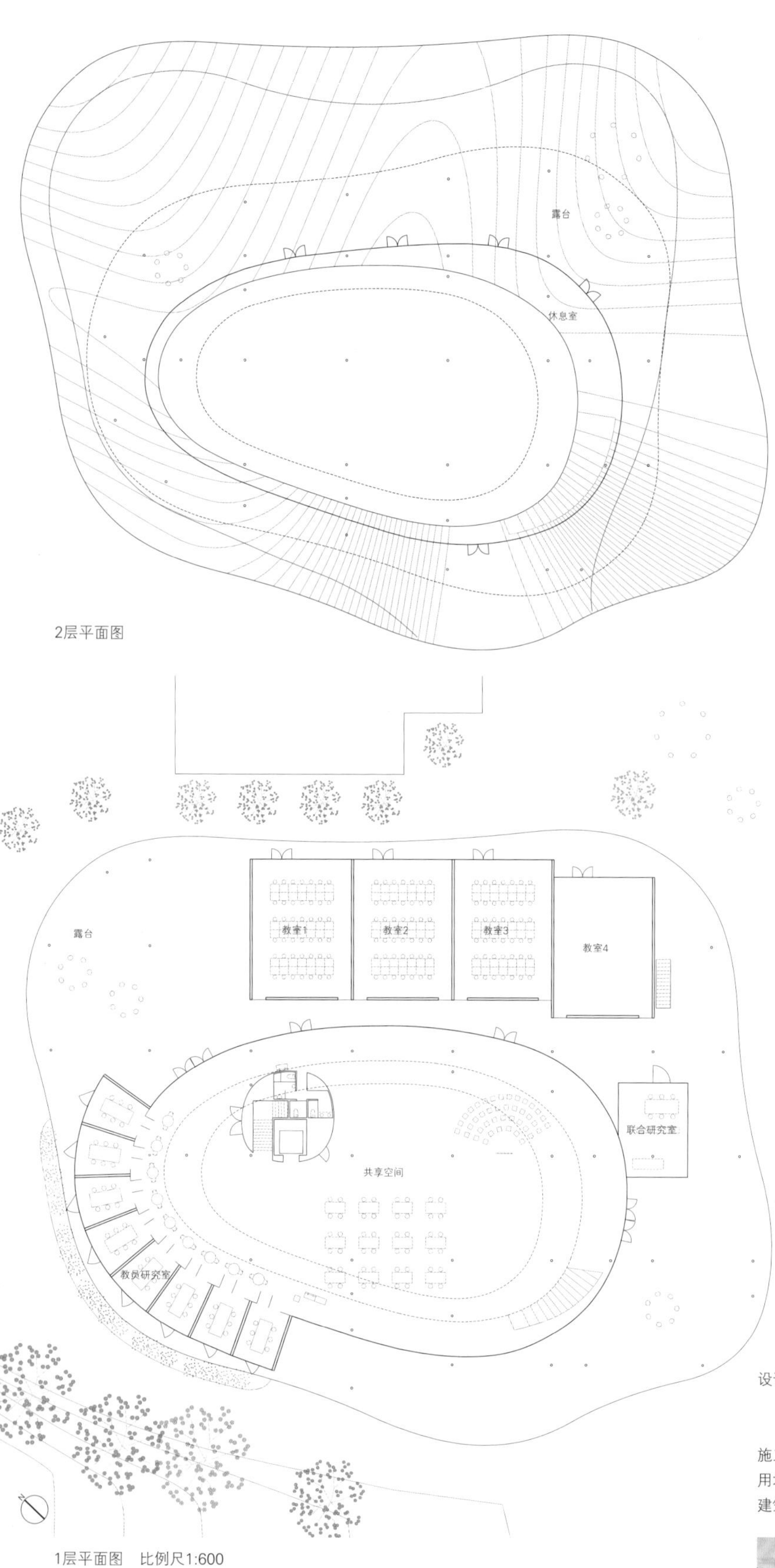

2层平面图

1层平面图　比例尺1:600

画廊1
画廊2
画廊3
实验室1
实验室2
实验室3
实验室4
实验室5

地下1层平面图

上：1层教室/下：从共享空间看向教员研究室

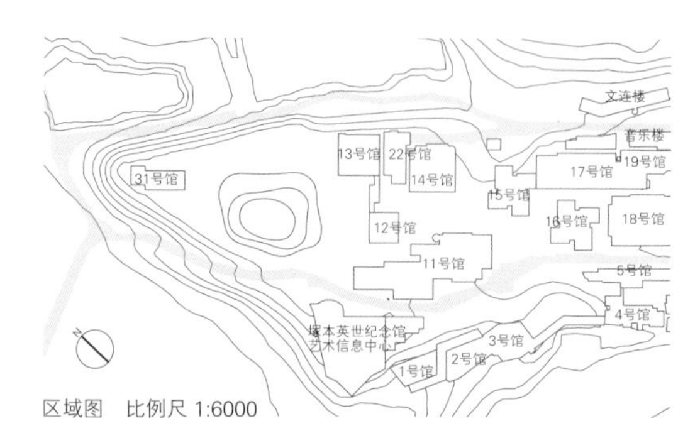

区域图　比例尺 1:6000

设计：建筑：妹岛和世建筑设计事务所
　　　结构：佐佐木睦朗结构策划研究所
　　　设备：森村设计
施工：大成建设　日本电设工业
用地面积：209 854.26 m^2
建筑面积：2684.15 m^2
使用面积：3176.28 m^2
层数：地下1层　地上2层
结构：钢架结构　钢架钢筋混凝土结构
工期：2017年7月—2018年11月
摄影：日本新建筑社摄影部
（项目说明详见156页）

西北侧俯瞰图

2层露台

东南侧外观。从地面延伸出来的楼板在入口旁形成一个檐下空间

早稻田大学37号馆 早稻田竞技场

基础计划・基础设计 山下设计 Place Media（景观设计）
实施设计 山下设计・清水建设设计企业联营体
施工 清水建设
所在地 东京都新宿区

WASEDA UNIVERSITY BUILDING 37 WASEDA ARENA
architects: YAMASHITA SEKKEI，SHIMIZU CORPORATION，PLACEMEDIA

东北侧视角。都心部校园中的多功能体育竞技场建造计划。屋顶上方设置绿化广场“户山之丘”，在建筑物密集的校园中打造开放型场所和绿地

从南侧俯瞰户山之丘。树木种类包括麻栎、枹栎、白栎木等当地的植物，以及能适应当地土壤厚度、日照等植栽条件的其他树种。部分区域采用野草垫，与树木共同打造出亮丽风景

从东侧看向户山之丘，土层厚度约为100 cm，落叶与掉落的树枝以堆肥的形式回归土壤，以此创造出近似于自然界的生态循环系统。

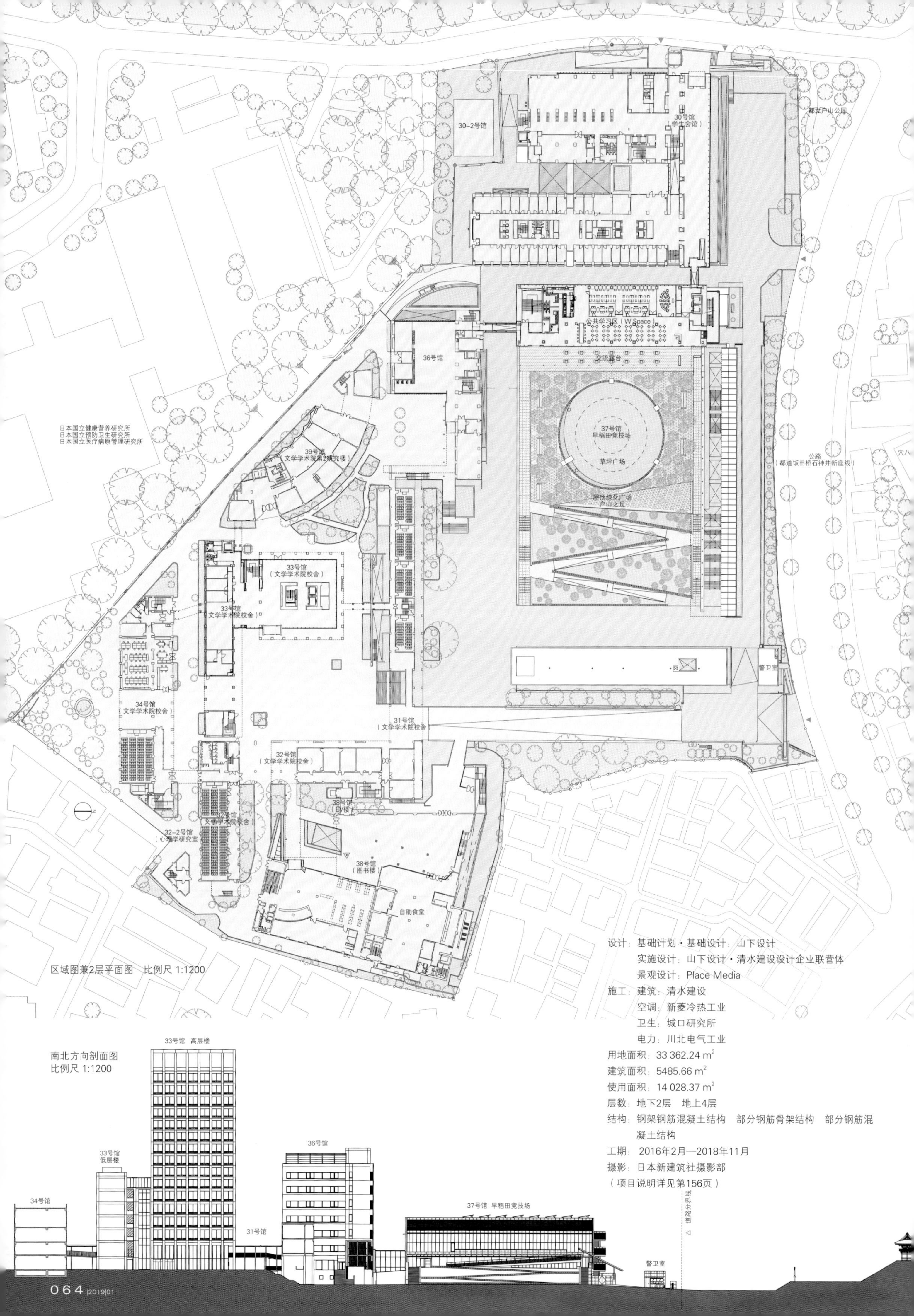

区域图兼2层平面图　比例尺 1:1200

南北方向剖面图
比例尺 1:1200

设计：基础计划・基础设计：山下设计
　　　实施设计：山下设计・清水建设设计企业联营体
　　　景观设计：Place Media
施工：建筑：清水建设
　　　空调：新菱冷热工业
　　　卫生：城口研究所
　　　电力：川北电气工业
用地面积：33 362.24 m^2
建筑面积：5485.66 m^2
使用面积：14 028.37 m^2
层数：地下2层　地上4层
结构：钢架钢筋混凝土结构　部分钢筋骨架结构　部分钢筋混凝土结构
工期：2016年2月—2018年11月
摄影：日本新建筑社摄影部
（项目说明详见第156页）

33号馆屋顶俯瞰图。与周围已有的校舍相互连接，在校园内部创造出新的回游路线，通过混合种植包括当地树种在内的各种植物，使得绿意成片，生机盎然

从草坪广场看向交流露台、公共学习区。草坪广场的土丘最高为130 cm，为方便人们坐下休息修建平缓的斜坡，座椅及小桥均为钢制结构

交流露台视角。纵深6700 mm的连廊成为连接户山之丘和公共学习区的中间区域

作为未来象征符号的大学建筑的应有形态

以旧37号馆纪念会堂设施老化为契机，计划修建早稻田大学37号馆早稻田竞技场。项目建筑是以多功能体育竞技场为中心涵盖公共学习区、体育博物馆等在内的复合设施。对早稻田大学而言，能承办毕业典礼、入学仪式等庆典活动的纪念会堂，是一处具有高度象征性的建筑设施，其影响力仅次于大隈讲堂。

早稻田竞技场所在的户山校园，是由村野藤吾设计的校舍建筑，于1962年建成，形成了如今的框架。校园周边历史文化色彩浓厚，东有尾张藩德川家族的别墅、被当作回游式庭院“户山山庄”使用的户山公园，北有穴八幡宫、放生寺等文化古迹。此外，从广域范围看，项目用地以神田川流域沿岸的肥后细川庭园及椿山庄为起点，经由早稻田校园，坐落于绿意浓厚的东京西部区域和首都中心的相交处。

在设计之初，我们思考了两个问题：一是，它能在未来大学校园中发挥怎样的作用；二是，作为一个具有象征意义的大学建筑，它应该是什么样的。在这十几年间，IoT（物联网）及SNS（社交网络服务）技术的飞速发展，人与人，人与物、事之间的关系发生了历史性的变化。我们认为在这样的时代背景下，大学校园扮演着重要角色，它应当成为向当地及社会开放的公共交流区、举办新型活动的据点，让人们能够在同一时间共享同一片区域。其象征意义早已不是表面的、形式化的东西，而是通过风景和环境展现出来的深层次理念。

综上考虑之后，我们在仔细考察项目用地周边区域的时间演变和环境变化的同时，通过建造新的建筑设施，使其意义显化，建设将历史、人、地区、环境紧密联系的景观建筑，符合早稻田大学象征未来这一意义。

为应对校园用地率的限制，建筑物的大部分都埋于地下，地上区域为呼应校园内高低起伏的地形，修建了名为“户山之丘”的屋顶绿化广场，在丰富生物多样性的同时，创造出新型交流区域，唤醒了校园活力。人为构建的自然环境给生活增添了色彩，同时，通过在建筑物边缘地区分散设置玻璃雨棚、低层楼、高层楼等建筑元素，形成宽松错落的建筑环境。为使这些建筑元素融入周边环境，通过改变各自的形状及玻璃的通透率、反射率、角度等，展示出与周边环境的联系。

（水越英一郎/山下设计）

（翻译：汪茜）

左：2层公共学习区，玻璃结构的空间引入户山之丘的浓浓绿意/右上：越过户山之丘看向大型雨棚/右下：越过低层楼的底层架空区域看向大楼梯、玻璃雨棚

从草坪广场看向东北方向。在透水型三角PC板铺设的接缝处栽种植物（马蹄金属植物）

通往竞技场的主要动线——大楼梯。由于举办活动时人流量较大，玻璃覆盖的大型雨棚能够将风雨天气带来的影响降到最低

从东侧看向户山之丘，通过斜坡可从1层到达2层

地下2层的主竞技场。跨度约45 m，使用2900 mm~3250 mm的华伦式桁架，竞技场的照明器材设置在球场的左右两方，MUSCO公司制作的照明器材根据阳光照射的方向，设定其照射角度

东西剖面图　比例尺 1:600

上：户山之丘的主竞技场的高侧光/中：从架空通道看向主竞技场的屋顶框架/下：通往主竞技场的大楼梯一侧的高侧光，虽为地下空间，但自然采光很大程度上提高了舒适度

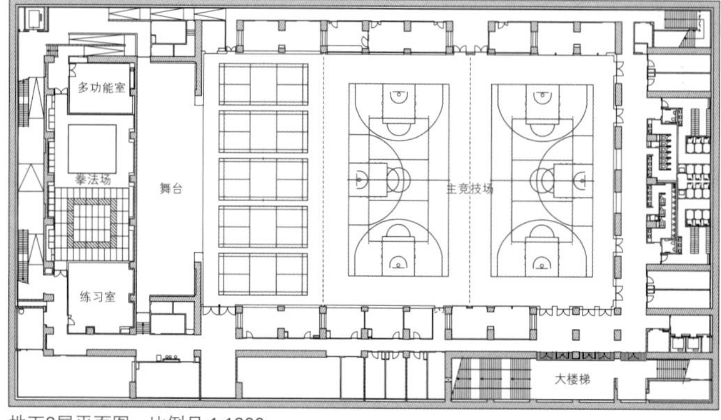

地下2层平面图　比例尺 1:1200

景观建筑

户山之丘的平均土层厚度约为100 cm，以提高生物多样性为目的，从自然界的生态学中获得启示，人为构造了土层、表层，创造出各种植物的栖息地。一般而言，屋顶绿化多数是在薄层（约20 cm）中实施，此次在平均约100 cm厚的土层中，落叶及掉落的树枝以堆肥的形式回归土壤，既维持了土壤肥力，又能使植物从种子开始发芽生长，创造出近似于自然界的生态循环系统。

混合种植的植物如杂木林一样种类繁多，其中包含早稻田周边地区的现有树种，与周边的绿色连接成片。斜坡上人来人往，旁边栽种了能让人感受到季节变化的植物，这一系列举措能够让人真真切切地感受自然的丰富和变化。此外，在户山之丘设置高侧光，将地上地下区域连接在一起，即便身处地下竞技场，也能沐浴到自然光线，享受浓浓绿意。

希望通过此次生物设计的实践，能建造出为提高知识生产率及环境保护做贡献的景观建筑。

（吉村纯一/Place Media+水越英一郎/山下设计）

通过地热等能源实现ZEB Ready

在本次计划中，通过灵活运用项目设施大部分处于地下的建筑特征，组合搭配利用地热能源的空调系统及太阳能发电等设备，将竞技场的天然能源消耗量降低为零，成为“零能源竞技场”，而设施整体也达到了ZEB Ready（削减率为61%，包含5%的创造能源）。在设计阶段，着眼于竞技场的功能特性，室内温度最低设定为不给人体造成负担的13 ℃，最高设定为不会造成中暑的28 ℃，意在通过这一举措重新评估设计标准和运行标准。

地热是一种全年温度可保持在15~20 ℃的可再生能源。以地下建筑体为蓄热体，将地热直接导入建筑中，一般情况下不用空调设备也能营造出舒适宜人的温度环境。为应对举办活动等各种情况，构建了利用地热的空调、换气系统。为获取地热能源，在地下垫板下铺设水平式地热线圈，并通过搭配使用蓄热槽（设置于竞技场地板下），成为或直接或间接利用地热能源的结构。所获得的热源水（18 ℃）作为空调机及室外机的冷却水加以利用。

（市川卓也/山下设计+笠原真纪子/清水建设）

注：ZEB Ready是2015年12月日本经济产业省发布的对于ZEB（零排放建筑）的新定义，即一次能源消耗量削减50%以上的先进建筑。

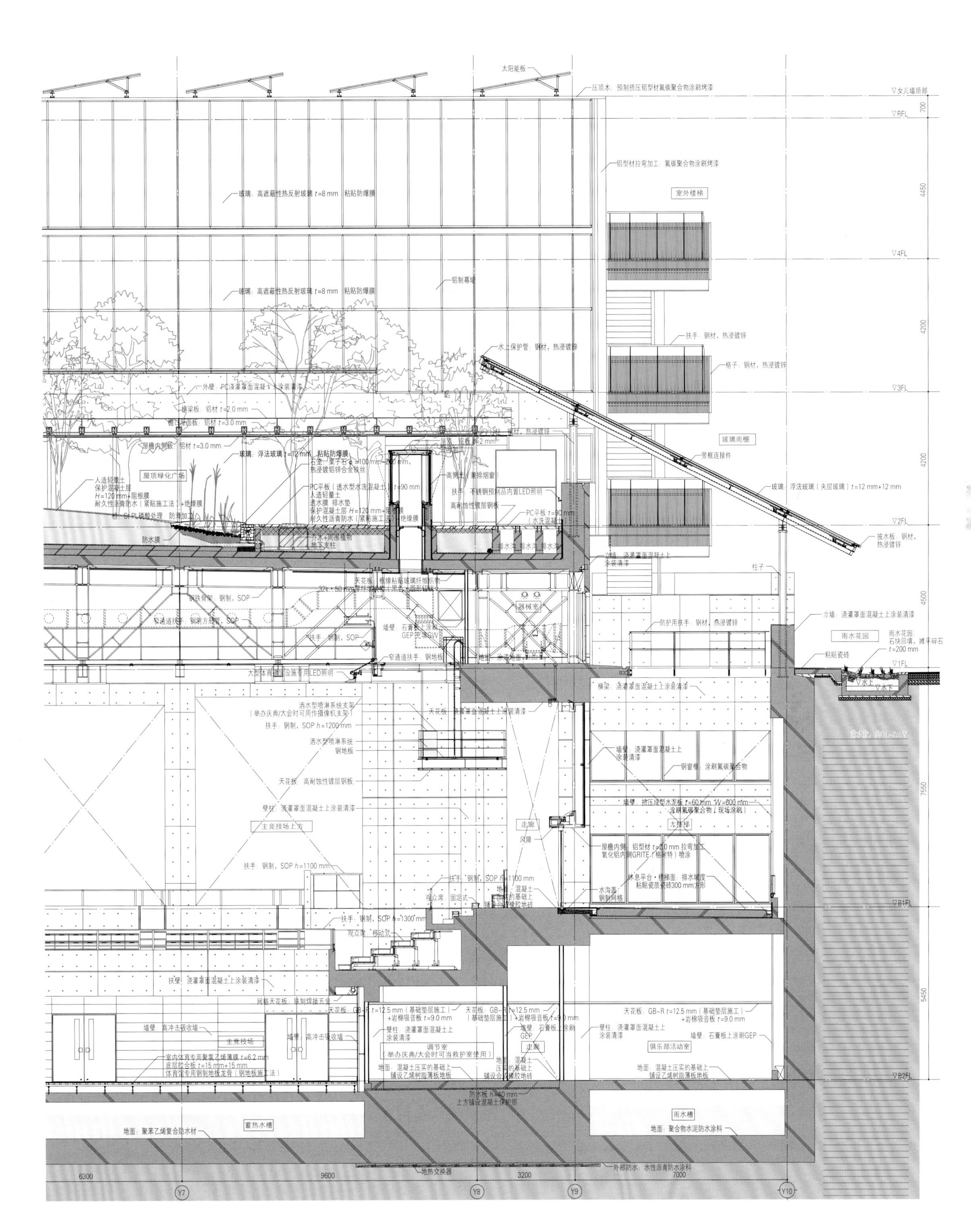

剖面详图　比例尺 1:150

V&A Dundee

设计　隈研吾建筑都市设计事务所

施工　BAM Construct UK

所在地　英国　苏格兰　邓迪市

V&A DUNDEE

architects: KENGO KUMA & ASSOCIATES

2010年在苏格兰邓迪市举办的维多利亚和阿尔伯特博物馆之邓迪分馆（后简称V&A Dundee）的设计比赛中，隈研吾建筑都市设计事务所获得最优秀奖。该项目基地位于泰河之滨，临水的地理位置使隈研吾联想到苏格兰东北海岸线上的悬崖，由此便诞生了人造悬崖式的建筑造型

南侧亲水空间

以邓迪市的主街道为基准的城市轴线与发现号（邓迪市著名旅游景点）之轴这两条轴线的相交处为据点，在建筑的中心创造出洞窟形状的空间

设计：建筑：隈研吾建筑都市设计事务所
　　　结构・设备 Arup
施工：BAM Construct UK
用地面积：11 160 m^2
使用面积：8445 m^2
层数：地上3层
结构：钢筋混凝土结构
工期：2015年3月—2018年9月
照片提供：V&A Dundee
（项目说明详见第158页）

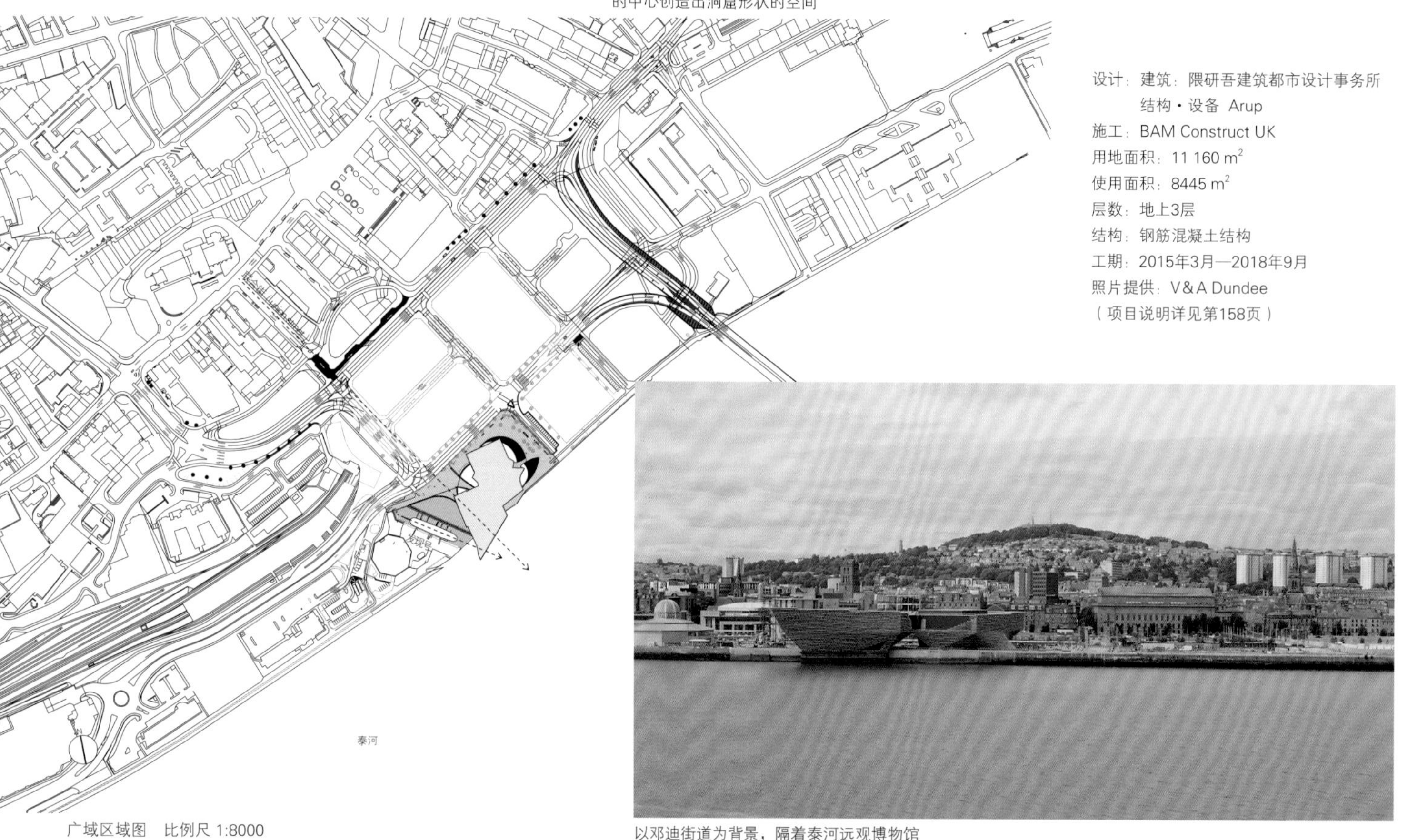

广域区域图　比例尺 1:8000

以邓迪街道为背景，隔着泰河远观博物馆

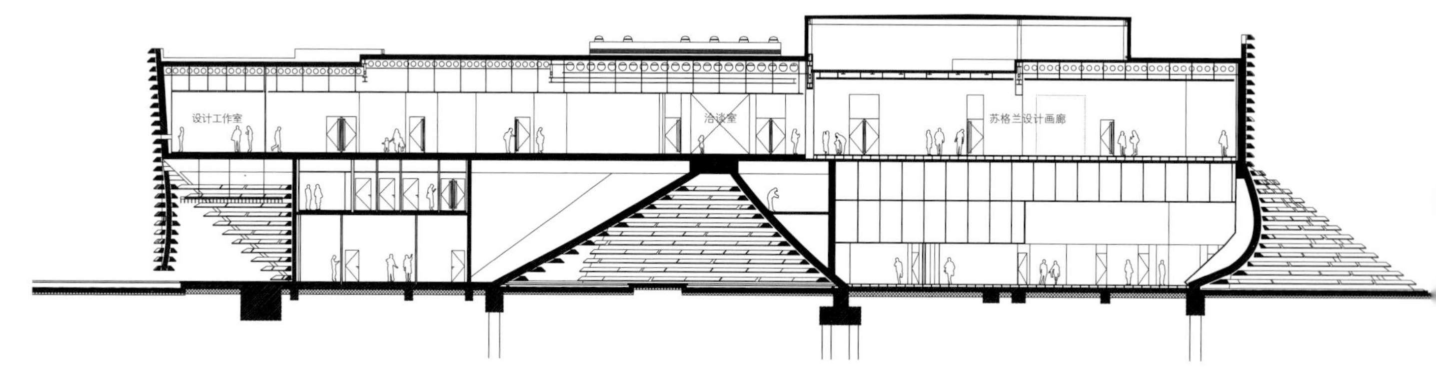

剖面图　比例尺 1:500

东侧外观

西侧外观。向泰河延伸的建筑。在施工过程中，设置临时围堰以堵截河水，在原先河岸的基础上拓宽河床，增加项目用地

用“地理形状的建筑”打造苏格兰的新面孔

在设计之初，我们有两个大目标。一是为苏格兰打造一个全新的面孔，也就是苏格兰并不能完全归属于英国这一主体框架下，它应有自己独特的历史文化，无论是从建筑本身还是深层内涵，创造出一个具有苏格兰特色的博物馆，这也是人们所期望的。因此，不论是苏格兰的独立派还是反对独立派，都十分支持这个项目。建于巴斯克的毕尔巴鄂古根海姆美术馆(Museo Guggenheim Bilbao，以下简称GB)作为西班牙的著名建筑，一直备受人们的关注。从某种程度上而言，比毕尔巴鄂古根海姆美术馆更具国际知名度的V&A Dundee，是邓迪市的“最佳伴侣”。GB在巴斯克地区享受着世人的瞩目，但它更多的是展现建筑师弗兰克·盖里(Frank O.Gehry)的个人特色，而非巴斯克的地区特点。从这一点来看，那是二十世纪八九十年代的风格，而在今日，人们希望，并且我本人也期望能有所突破。不是对品牌的崇拜和模仿，而是将当地各处的特色融入一栋建筑中。地理形态给了我灵感，它超越了建筑用地的局限，将建筑物延伸到河里、到水中，我想创造的不是单纯意义上的建筑，而是一个如苏格兰海岸悬崖（附近的奥克尼群岛有美丽的悬崖峭壁）一样的地理形态。

通过3D建模技术，灵活调整预制混凝土板

（选用产自当地的砂石作为骨料，并使其显露出来，凸显地区特色）的尺寸、角度、倾斜度，安装独特研发的弹性接头。用现代科技展现地理形态中潜藏的随机性。

另一个目标是将城市和水域相连。邓迪曾是苏格兰颇具代表性的港口城市，街景街貌热闹繁华。但20世纪时，林立的仓库群切断了城市与泰河的联系。如今，我们构想了一项伟大的城市规划，希望能通过闲置仓库群，用公园和V&A Dundee将城市与自然重新连接起来，给街区注入新的活力。而我们在“悬崖”上开出的洞窟，恰好能满足这一需求。具体来说是灵活运用邓迪市中两条分散的轴，通过连接建筑与城市设计创造出的成果。

这两条轴分别是邓迪市的主街道——联合街，以及邓迪市的象征——发现号。“洞窟”位于联合街的延长线上，将街区的人们“引”至水畔，给原本冷清寂寥的河畔带来新的活力。“洞窟”这种地理形态，将发挥建筑行业用语所没有的力量。

（隈研吾）

（翻译：汪茜）

从中央的洞窟状空间看向泰河

从2层俯瞰主厅。建筑形态呈现向上方逐渐展开状，营造出宽阔的内部空间

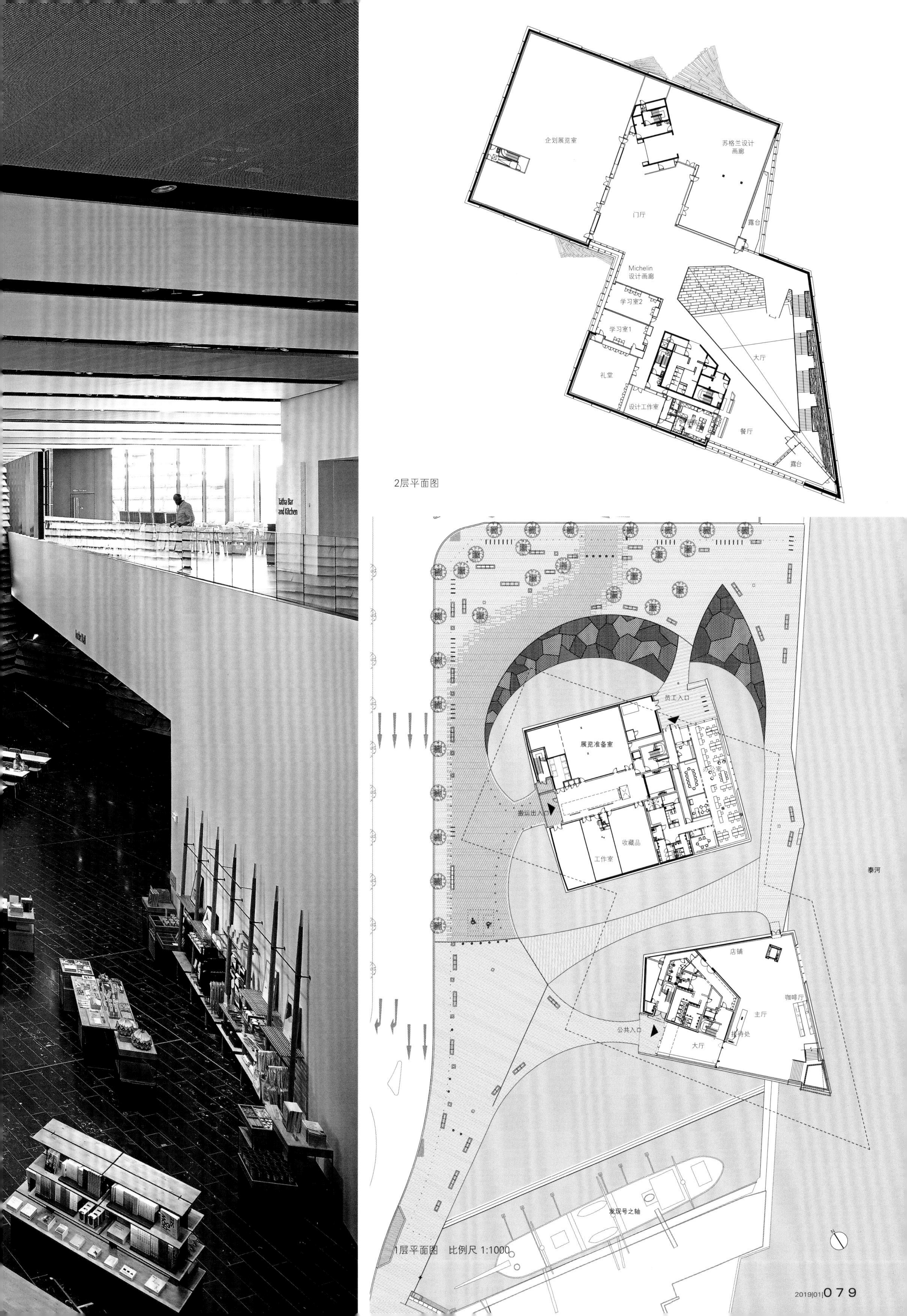

2层平面图

1层平面图 比例尺 1:1000

左：从1层看向接待处、主厅/右：大厅。内部装饰及公共座椅均采用MDF胶合板

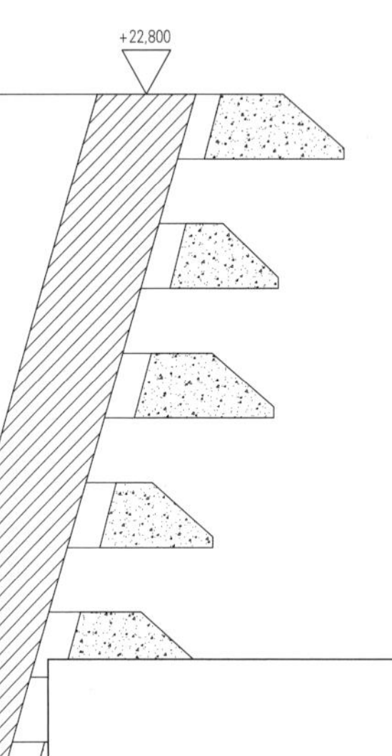

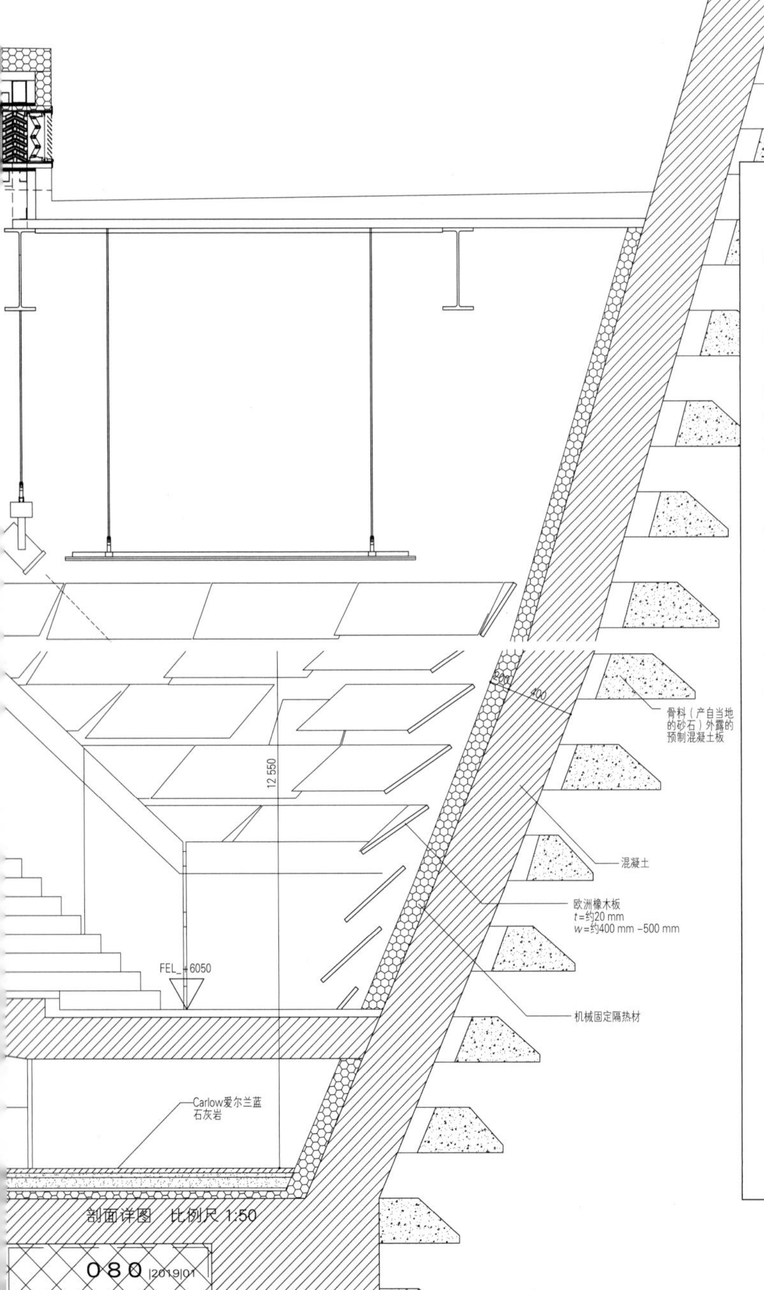

剖面详图 比例尺 1:50

悬崖式建筑给街区带来新活力 隈研吾

——您能谈谈从设计竞赛到竣工落成这期间的事情吗？

隈研吾（以下简称“隈”） 设计竞赛的时候，由于苏格兰的冬天非常冷，我觉得需要建一个能让人们聚在一起的温暖空间。我想“城市的会客厅”这一理念也是获得审判员高度评价的原因之一。从最初的设计竞赛到最后项目落成总共花了8年的时间，当初的构想总算变成了现实。

——建筑造型是如何确定的呢？

隈 毕尔巴鄂古根海姆美术馆(Museo Guggenheim Bilbao)提高了西班牙巴斯克的知名度，弗兰克・盖里(Frank O.Gehry)在邓迪建造“Maggie's Dundee”也成了人们谈论的话题，换言之建筑具有改变城市的力量，而正是设计竞赛的契机让我明白了一点。在这个设计竞赛中，他们往往都会联想到毕尔巴鄂古根海姆美术馆，寻求一个符号化的形态。迄今为止我们一直奉行“让建筑消失”的理念，即追求建筑和周围环境融为一体。在这样的设计理念下创造出一个具有符号意义的建筑，对我们来说是个挑战。于是我便从“悬崖”入手，苏格兰拥有崇敬自然的文化。三面环海的地理位置，高低起伏的地形，在这片土壤中孕育出独特的文化。在这里，悬崖既是一种地形也能成为一个符号，于是我们便将它纳入设计构想之中。

——内部空间您是如何处理的？

隈 我当时打算将内部进行地形化处理。而且，为了实现“城市的会客厅”这一理念，我想建一个以洽谈室为中心的美术馆，而不是展览室。当看到建成的实物时，倾斜的墙壁营造出一种超乎预想的宽阔感，洽谈室也和展览室连成了一体。在展览区，我们修复了查尔斯・马金托什（Charles Rennie Mackintosh）于1907年设计的英格拉姆街（Ingram Street）的茶室“橡树屋”。将或解体或存留的材料原样使用。设计竞赛的时候，他们并没有告诉我们会将马金托什的作品进行修复、展览，他们认为马金托什是连接苏格兰和日本的桥梁，巧合的是身为日本人的我能有幸参与这项工作。

——竣工落成是什么样的景象？

隈 似乎在竣工前就已经成了当地新闻媒体的讨论话题。包括竣工日在内，我在那里一共待了五天，在餐厅、咖啡厅等各个地方，大家用“谢谢你帮我们建了一个这么棒的建筑！”来“招待”我们（笑）。街上的孩子们一边喊着“V&A！V&A！”一边向我跑来。我第一次体会到被这么热烈欢迎的感觉，特别开心。

（2018年12月13日，于隈研吾建筑都市设计事务所

责任编辑：日本新建筑社编辑部 ）

外部装饰。将订制的预制混凝土板堆叠起来，构成扭曲的楔形建筑剖面。通过硬化延迟剂和喷砂进行简单装饰，并采用产自当地的砂石以凸显邓迪市的独特风格

千岛湖酒店

设计 KUU/佐伯聪子+TAN K.M.
施工 中国浙江省杭州市
所在地 中国浙江省杭州市
THOUSAND ISLAND HOTEL
architects: KUU / SATOKO SAEKI + K.M.TAN

大约在60年前，由于大坝的建设产生了人工湖畔，酒店就建立在湖畔之上。3～6个房间作为1个单位，成环形设置，走廊设计成半开放式，这是一个能令人感受到自然的空间环境，人工湖内有桥梁与小岛进行连接，让人感受到这是一个来去自如的场所

从人工到自然

酒店位于中国浙江省千岛湖的沿湖处。该湖为约60年前的大规模河坝施工所产生的人工湖。曾经在山顶上起伏的山脊，如今已经变成了无数的岛屿（千岛）与湖岸的形状，正因为有如此独特的景观，千岛湖渐渐广泛为人所知。60年岁月的人工湖虽有种历史感，但更有种让人贴近自然的感觉。在这种独特的自然之中，该酒店也有它独自的存在方式。99个客房分为环形配置，3～6个房间为1个单位。外部走廊被庭院紧密环绕，庭院中种有松树、银杏树、梅树等植被。庭院内的景观经人工修整后，散发着艺术气息。从各房间向外眺望，映入眼帘的是生长在湖畔的野草和柳树等自然生长的植物。漫步在环绕庭院周围的环状走廊时，从单位与单位间的间隙，即阳台，能眺望到千岛湖。庭院中有三个亭子，亭内有咖啡店、商店和画廊。除了酒店的环形包围结构，还有两个向外突出的结构体，类似于两个半岛。一个为开在湖中的餐厅，有着绝佳的眺望视野。另一个是向建筑内侧敞开的浴场。另外，作为湖的延伸部分，在湖沿岸设置无界限游泳池。设施的每个部分都充分利用地势而建。酒店一半的

设计・建筑：KUU / 佐伯聪子 + TAN K.M.
构造・设备：广东建筑艺术设计院宁波分公司
施工：浙江坤鸿建设有限公司
用地面积：16 004.99 m^2
建筑面积：4319.74 m^2
使用面积：11 021.03 m^2
层数：地下1层　地上3层
结构：钢筋混凝土结构
工期：2016年6月－2018年5月
图片提供：KUU/佐伯聪子++TAN K.M.
（项目说明详见第158页）

用地为湖一侧的岛屿群，用吊桥将酒店与岛屿连接后，拉近了酒店顾客与岛屿间的距离，同时也方便游客在岛上进行垂钓、农耕体验、戏水等活动。这些也是当地人们在酒店建成前就一直在进行的活动。这些曾经被遗留的岛屿几乎都保持着原有的自然风光，在岛屿上能够眺望建立在这一片独特的红色土壤上的同样为红色的酒店。

本次设计不仅仅是建筑以及景观的设计，更是从家具、照明、道路标识到员工制服的设计。具体有设置在客房以及大堂的沙发、架子、服务台、使用木片搭配而成的道路标识等。为了更好地优化酒店的环境，我们对装饰物体进行测量、分割，进行各种排列组合，不是单个去完成，而是力求使其与客观环境融合，达到完美。我们希望这个在千岛湖中的人工湖中所建立的酒店能在时间和环境的重叠下，在岁月的冲刷和风雨的洗礼下仍能够融入自然，持续发挥它独有的光芒。

（佐伯聡子+TAN K.M. / KUU）

（翻译：崔馨月）

西侧外观。建筑外观与土壤颜色一致，为红色

用吊桥连接在游泳池另一侧的小岛

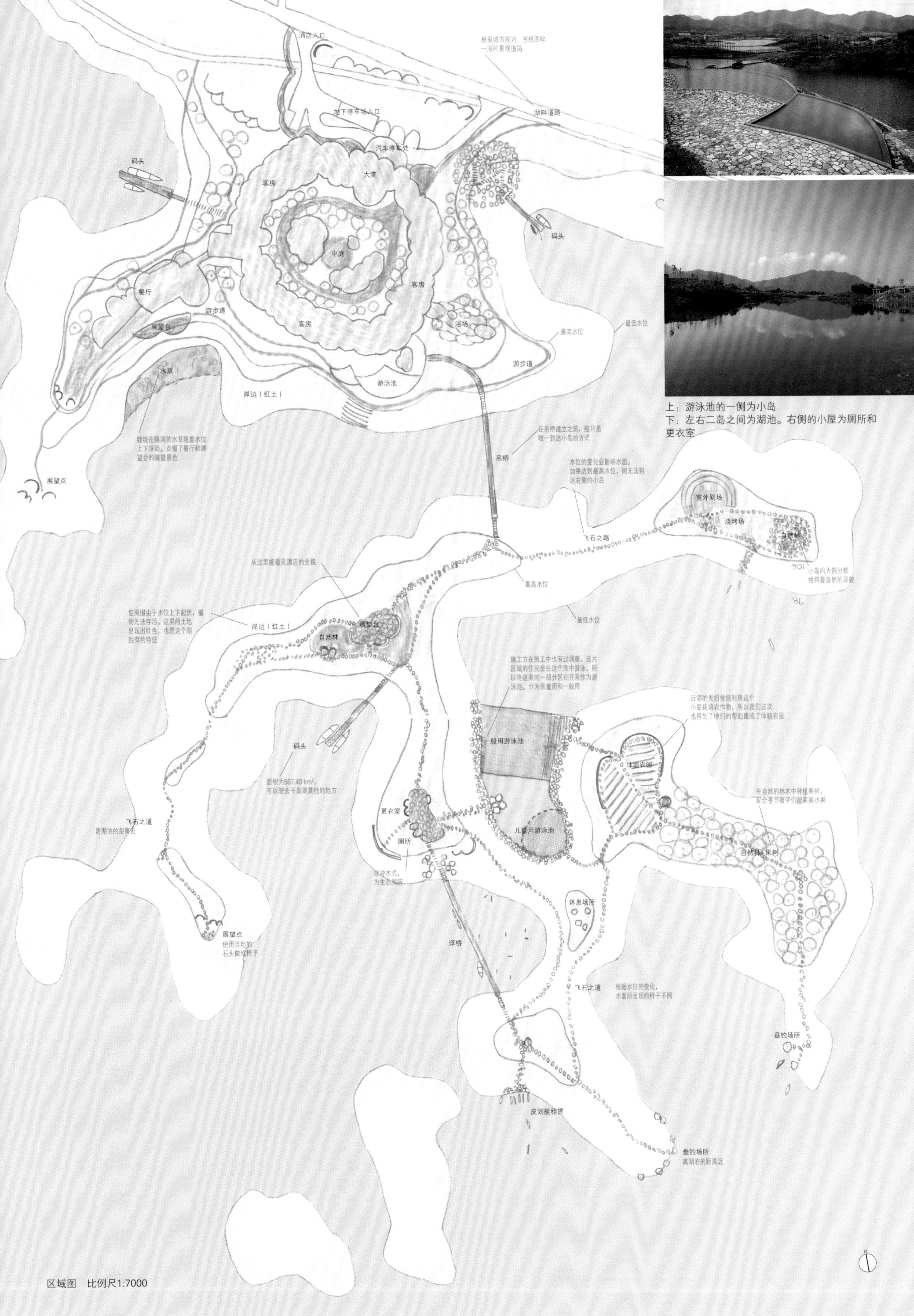

上：游泳池的一侧为小岛
下：左右二岛之间为湖池。右侧的小屋为厕所和更衣室

区域图　比例尺1:7000

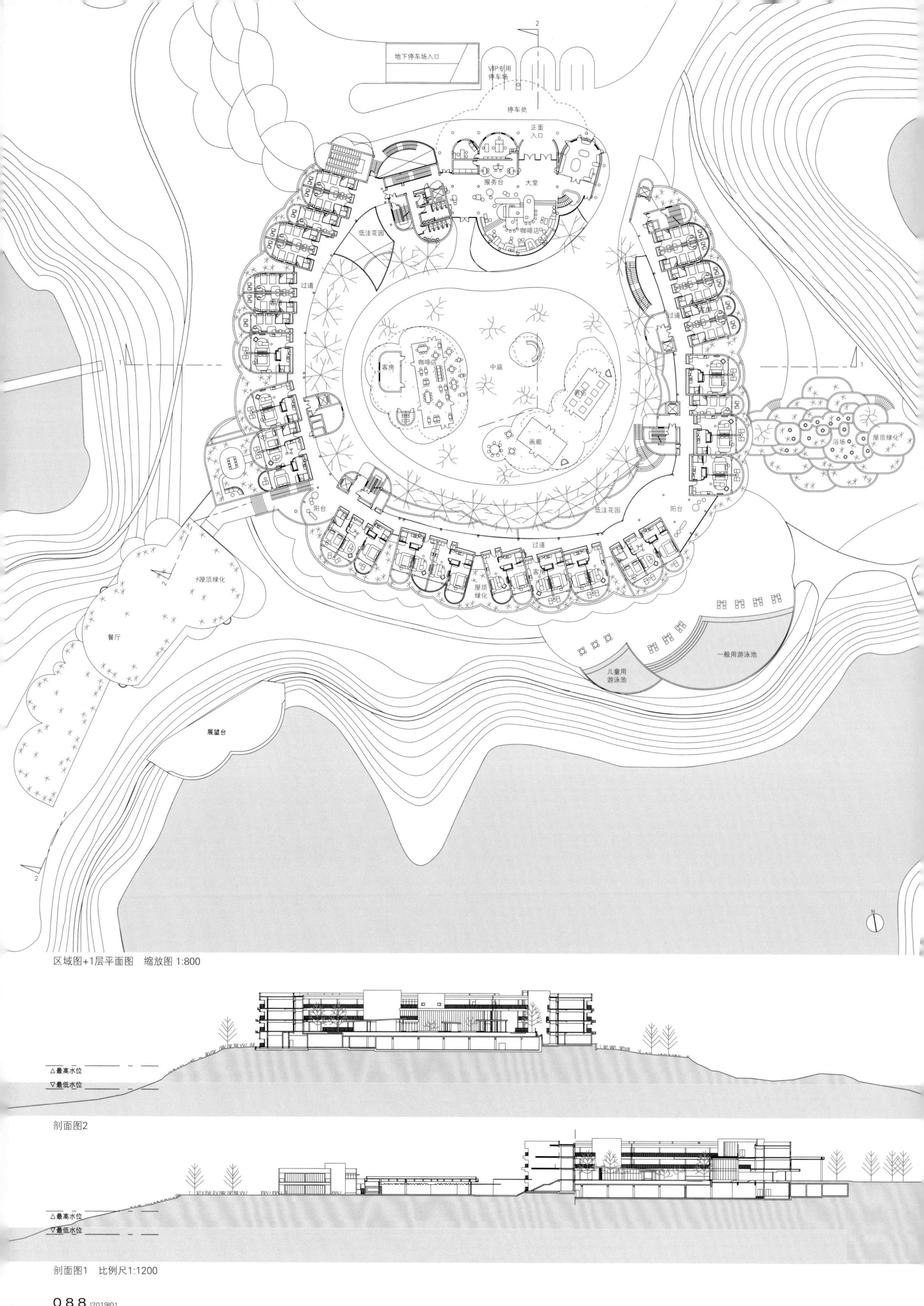

区域图+1层平面图　缩放图 1:800

剖面图2

剖面图1　比例尺1:1200

下车处，能感受到不同形状的充
满绿意的阳台

2层走廊[illegible]部的阳台形状每层都不同

从1层的大堂或者中庭可通往
餐厅

大堂，家具和建筑的形状都为同一设计风格

中庭，从咖啡店可以看见商店以
及休闲区域

中庭，可以看见咖啡店以及商店的亭子，种植有松树和银杏
树，可以感受到与周围环境不一样的空间

Restaurant of Shade

设计　NISHIZAWAARCHITECTS

施工　Trung Long + Toan Dinh

所在地　越南 胡志明

RESTAURANT OF SHADE

architects: NISHIZAWAARCHITECTS

将越南胡志明市的一幢别墅改建成餐饮店。利用农业用的半遮光布作为天窗覆盖，以阻挡越南强烈的太阳光，使得该空间的阳光恰到好处

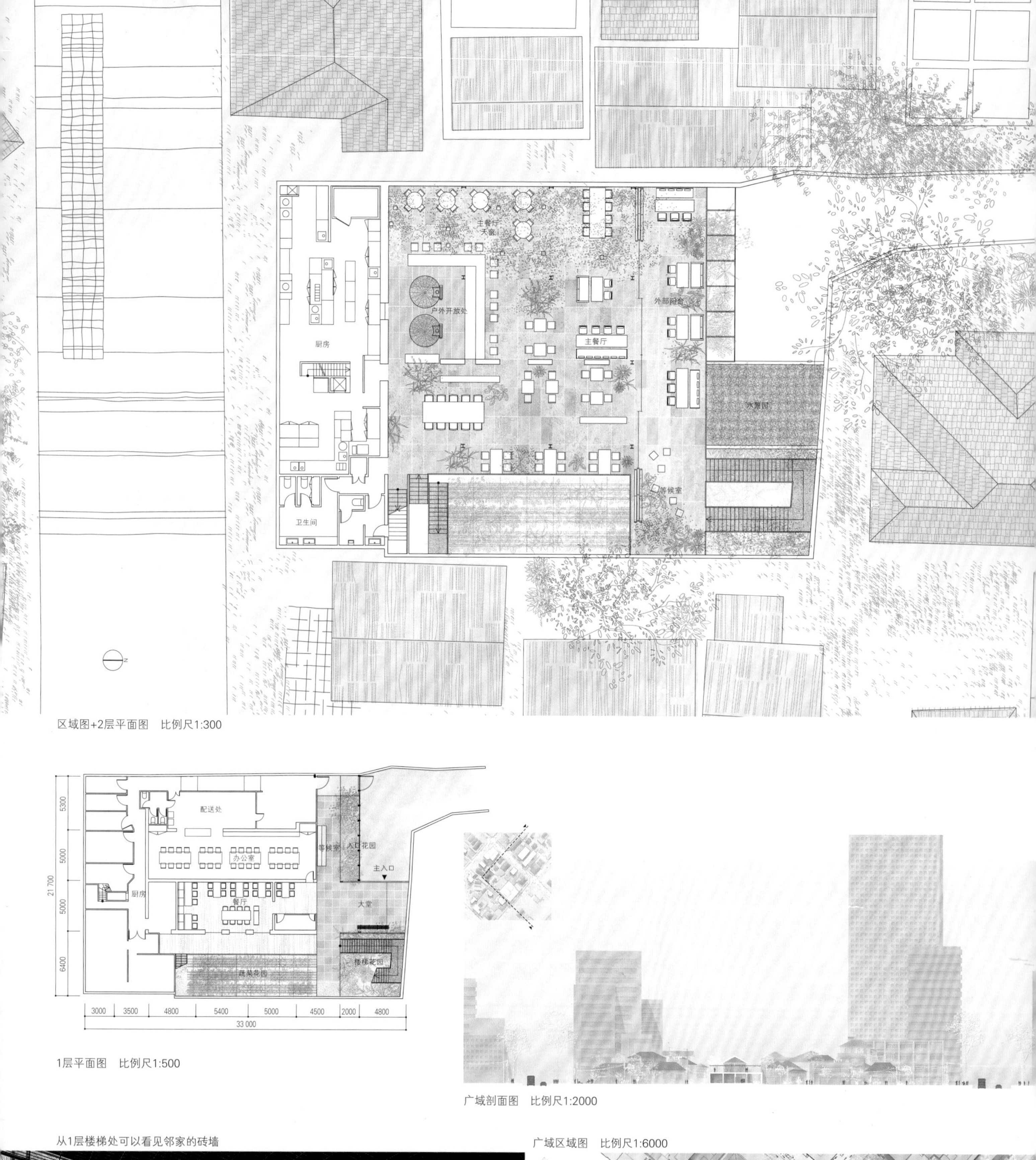

区域图+2层平面图　比例尺1:300

1层平面图　比例尺1:500

广域剖面图　比例尺1:2000

从1层楼梯处可以看见邻家的砖墙

广域区域图　比例尺1:6000

2层的主餐厅空间，由于窗户使用了整块能开闭式的玻璃，与外界的连接非常好

2层外部阳台，周围是中高层建筑

北侧外观

打造热带中的自由环境

热带地区的直射光具有超出我们想象的威力。在越南的街上，从停车场、路边的咖啡店、幼儿园到小学的庭院，都使用半遮光布制造背阴之处。这样的人为制造出的背阴和我们下雨天要撑伞，穿雨衣其实是一样的，在越南这是很自然的景观。这种农业用半遮光布，主要是以培育兰花等阴性植物或者观赏植物、嫁接树木为目的所开发的塑料。1 卷（2.5×100 m）约 100 美元左右，性价比很高，被使用在热带地区人们生活的各个地方。

这次我们觉得可以将日常使用的这种半透明材料以及用它所制造出的背阴定义为新的南国建筑环境。

建造在胡志明市的中心，四周是中高层建筑，位于1街区的中央附近。站在近年建造的建筑物的2层阳台望去，周围的法国别墅的屋顶以及树木展现于眼前，其中，树龄100年以上的巨大的街道树木和7~10层的商业大厦，25~30层的高层酒店不规则地矗立着。

在现代立体化都市中，这个区域给人一种非商业化的感觉，像是繁华立体都市中的空隙，它是城市建筑的一部分。作为胡志明中心地区的“内侧”，对于生活在这里的人们来说，也是一道日常的风景线。

作为这个城市的衍生区域的一端，建筑整体被农业用半遮光布所覆盖，这个半透明的幕布不仅创造出了纤细的背阴，上空天窗的灰色可视区域起缓和视觉的作用。建筑中的小屋以及庭院中的树冠等部分都与这个半透明的天窗相互呼应。同样，近邻的别墅以及商业大厦都作为城市风景的一部分在半遮光布上显像。而且，屋顶的下侧（内侧），包含室内、阳台、庭院全都融入树木的背阴之下，餐厅的家具群周围设置了许多观赏植物。在这大片的背阴之中，人和植物，室内和室外，建筑内装和城市风景巧妙地融合在一起，成为一个在热带中的自由环境。

（西泽俊理）

（翻译：崔馨月）

左：在1层的等待室通过遮光布向外看/右：从台阶向2层看

设计：建筑：NISHIZAWAARCHITECTS
构造 · 设备：Trung Long
施工：Trung Long + Toan Dinh
用地面积：670 m²
建筑面积：626 m²
使用面积：1180 m²
层数：地上2层　阁楼1层
结构：钢筋结构　部分钢筋混凝土结构
工期：2017年10月—2018年2月
摄影：大木宏之（特别标注除外）
（项目说明详见第159页）

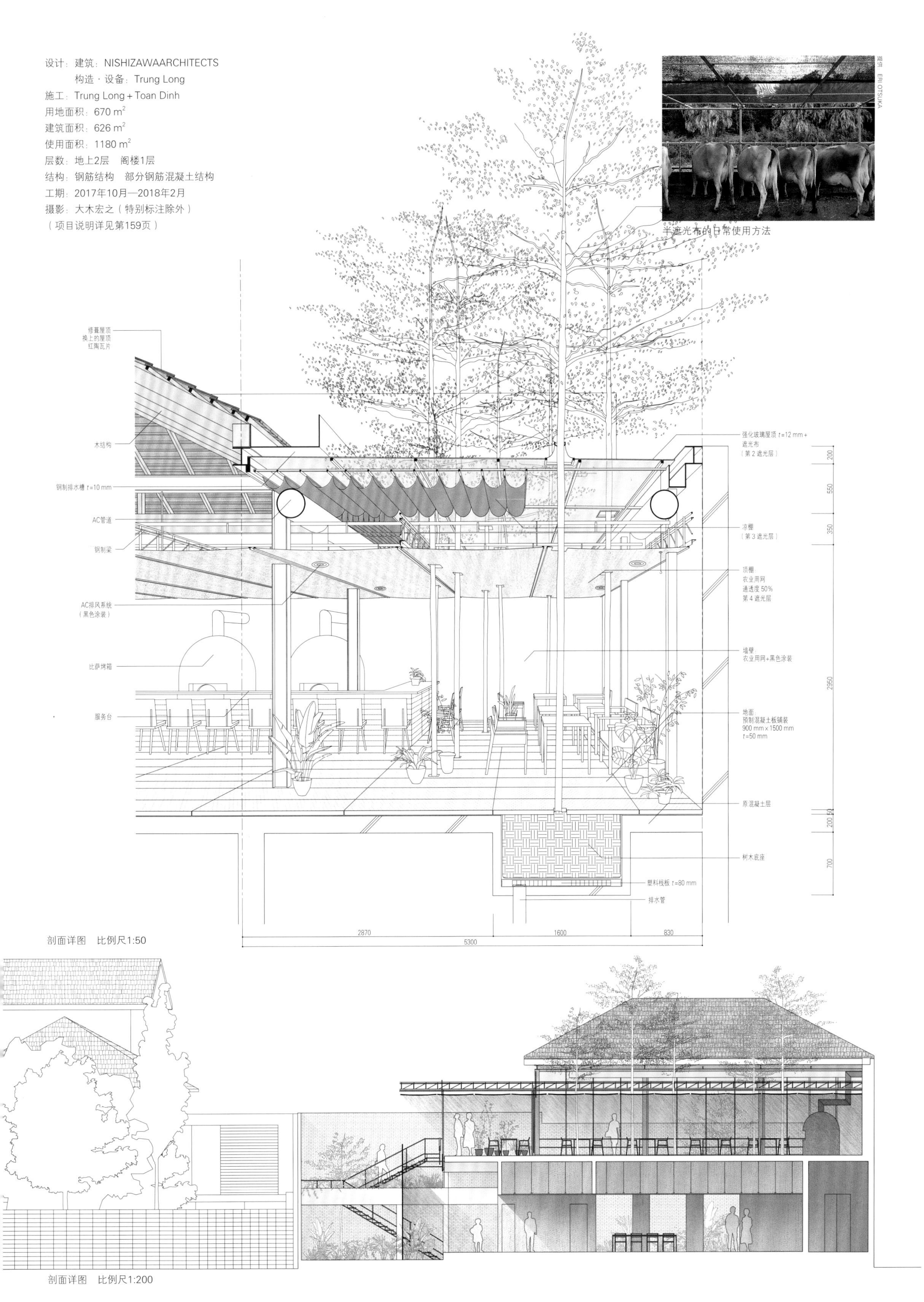

半遮光布的日常使用方法

剖面详图　比例尺1:50

剖面详图　比例尺1:200

阿凡达X实验室@大分县

设计　云建筑事务所

所在地　大分县

AVATAR X LAB @ OITA

architects: CLOUDS ARCHITECTURE OFFICE

全日空（ANA）与宇宙航空研究开发机构（JAXA）联合启动阿凡达X计划，该建筑作为阿凡达X计划的主要设施，正在计划建造中。如今，高速通信和虚拟空间技术日益发达，人们不需要到达现场，就能实现各种体验。目前，利用航空器的人数只占全世界70亿人口的6%，航空器的利用受到时间、经费、身体条件等各种各样的限制。在此背景下，全日空（ANA）扩展人类移动范围，致力于结合AI（人工智能）、VR（虚拟现实）、AR（增强现实技术）、机器人工学、计算、触觉等尖端技术实现的“虚拟化身”（融合机器人工学和VR技术）事业开发，探索新需求。特别是人类进入太空受到时间和距离的制约，该建筑有望推动宇宙开发。以象征大厦为中心，建造五个设施，预计分别承担实验、调查、向大众宣传、风投企业的企业孵化器等功能

进军宇宙的尖端科技实验基地

阿凡达 X 计划以开发宇宙相关事业为目标，是由全日空（ANA）与宇宙航空研究开发机构（JAXA）联手打造的宇宙开发计划。阿凡达X实验室@大分县是阿凡达X计划的主要设施，是远程存在技术、虚拟化身等事业开发的调查、实验基地。灵活运用大分县原有地形，建造模拟月球表面环境景观，开展多种实验项目，计划进行面向宇宙建设、行星探索、远程医疗・农业等多项宇宙生活开发实验。

未来的发展离不开宇宙开发，该建筑的设计理念是宇宙开发的创新。另外，通过向地球反馈宇宙探索信息，为宇宙开发做贡献，并为探索未知的宇宙深处提供方案。象征大楼是该建筑的核心设施，内设研究设备和面向普通大众开放的虚拟化身设施。象征大楼与月球表面探索主要场地——月坑地形为一体式悬浮建筑，能够同时远程监控月坑内部和建筑用地各处的实验。建筑用地为月坑多层环形和辐射纹系统几何结构，建造以宇宙生活的五大要素（寻找・发现、休闲・学习、建设、生活、衣・食・住）为主题的各种设施。

象征大楼模拟宇宙失重环境，把宇宙设计中不可或缺的低重力、高性能作为基本理念，结构是以地球外部圈层可展面为基础的匀称几何结构。由此，力求结构特性与空气阻力的最佳化，同时形成螺旋状动力空间体验。另外，NASA（美国国家航空航天局）实际使用的气凝胶近年来成本下降，该建筑通过使用气凝胶实现隔热，利用透光、吸音氟树脂膜和铝复合材料等实现高效率。轻量化等设计理念，旨在融合地面与航空宇宙建筑，实现创造性的建筑类型学。

包括该建筑在内的虚拟化身事业，被日本内阁府地方创生推进事务局选定为“近未来技术等社会实装事业”的支援事业。

（曾野正之/云建筑事务所）

（翻译：刘鑫）

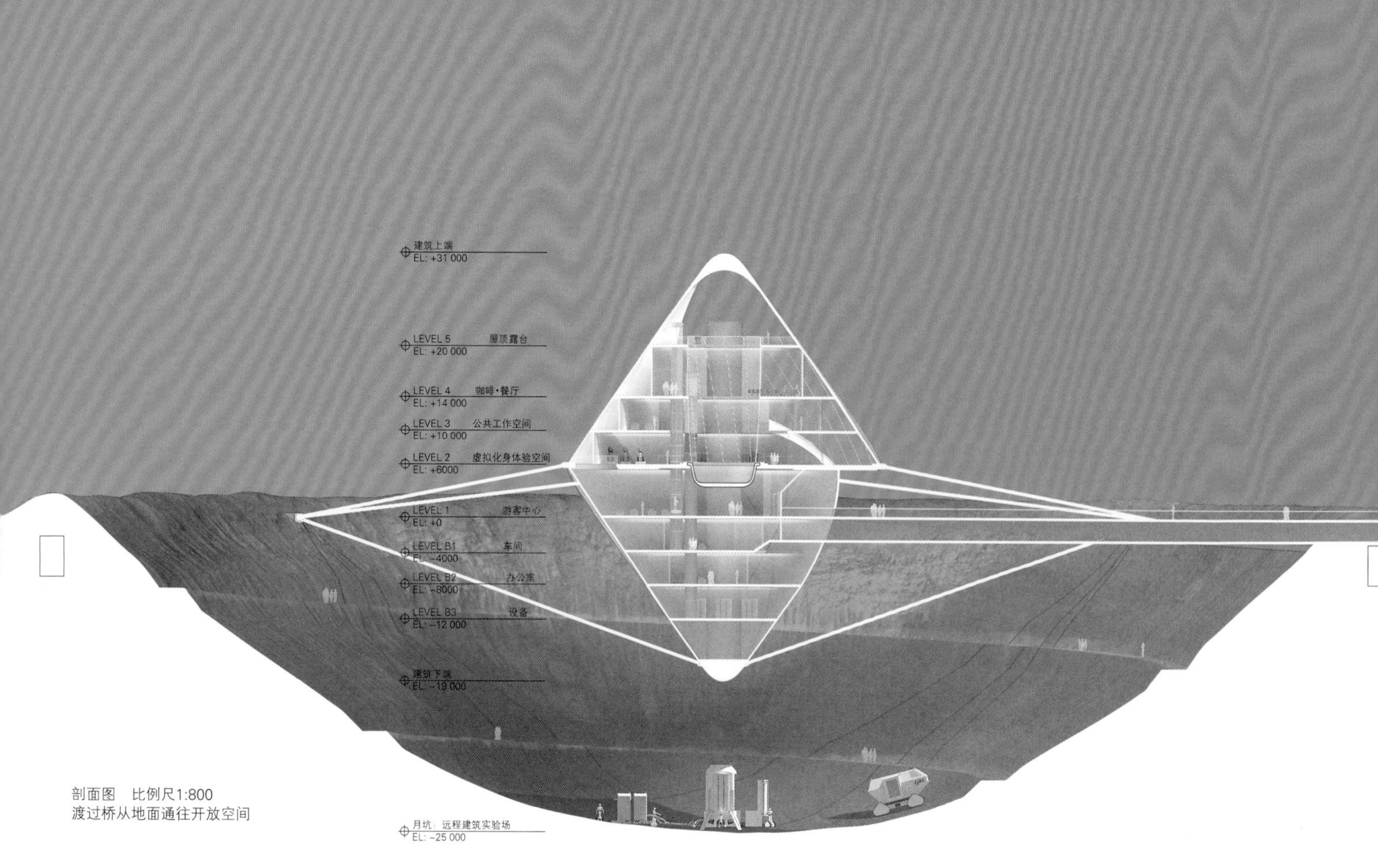

剖面图 比例尺1:800
渡过桥从地面通往开放空间

设在月坑上的雄伟车轮结构

该建筑的结构宛若自行车的车轮。直径150 m的“轮圈”设置在月坑状的凹陷地基上，中轴悬浮在月坑中央，“车轮”中轴到“轮圈”间是放射状的“轮辐”。因为重量的关系，中轴即便下垂，下部的“轮辐”也不会松弛，该结构被称为“张拉整体式结构”，效果优良。

中轴是建筑的主体，为高40 m的纺锤形四棱锥体。在“轮圈”内侧十字形搭建“粗轮辐”，展开“轮圈”中部，塞进中轴，中轴便能够稳定地悬浮于上空。轻量化所需的中轴为钢架结构和铝结构，纺锤形设计减轻风压，进而利用“轮辐”之间分担受力，拉伸内部。

为了让轮辐状缆线平滑地穿过中轴，纺锤形四棱锥体的侧边进行了弯曲处理。在可展面的一个切线曲面上形成的各面，与称为母线的“直线群”不同的是，圆弧群呈交叉形状，更易制作钢架材料。

在环境恶劣的月球和火星地形上建造建筑物的时代来临了。在此背景下，产生了或许可以在保护地面的基础上，建造空中观测设施的构想。

即便在地球上，该建筑也会受到各种各样的考验。比如，因温度变化发生伸缩，承受上下水平的地震和风的考验，还要暴露在柔软的地基和严苛的环境中。期待该建筑的结构设计，能够突破重重难关，为在月球和火星上建造空中观测设施提供经验和参考。

（佐藤淳/东京大学副教授，佐藤淳结构设计事务所）

设计：建筑：云建筑事务所
结构：东京大学佐藤淳研究室+佐藤淳结构设计事务所
用地面积：441 500 m²
建筑面积：950 m²
使用面积：2910 m²
层数：地下3层 地上4层 阁楼1层
结构：钢架结构 铝结构
图片提供：云建筑事务所
（项目说明详见第159页）

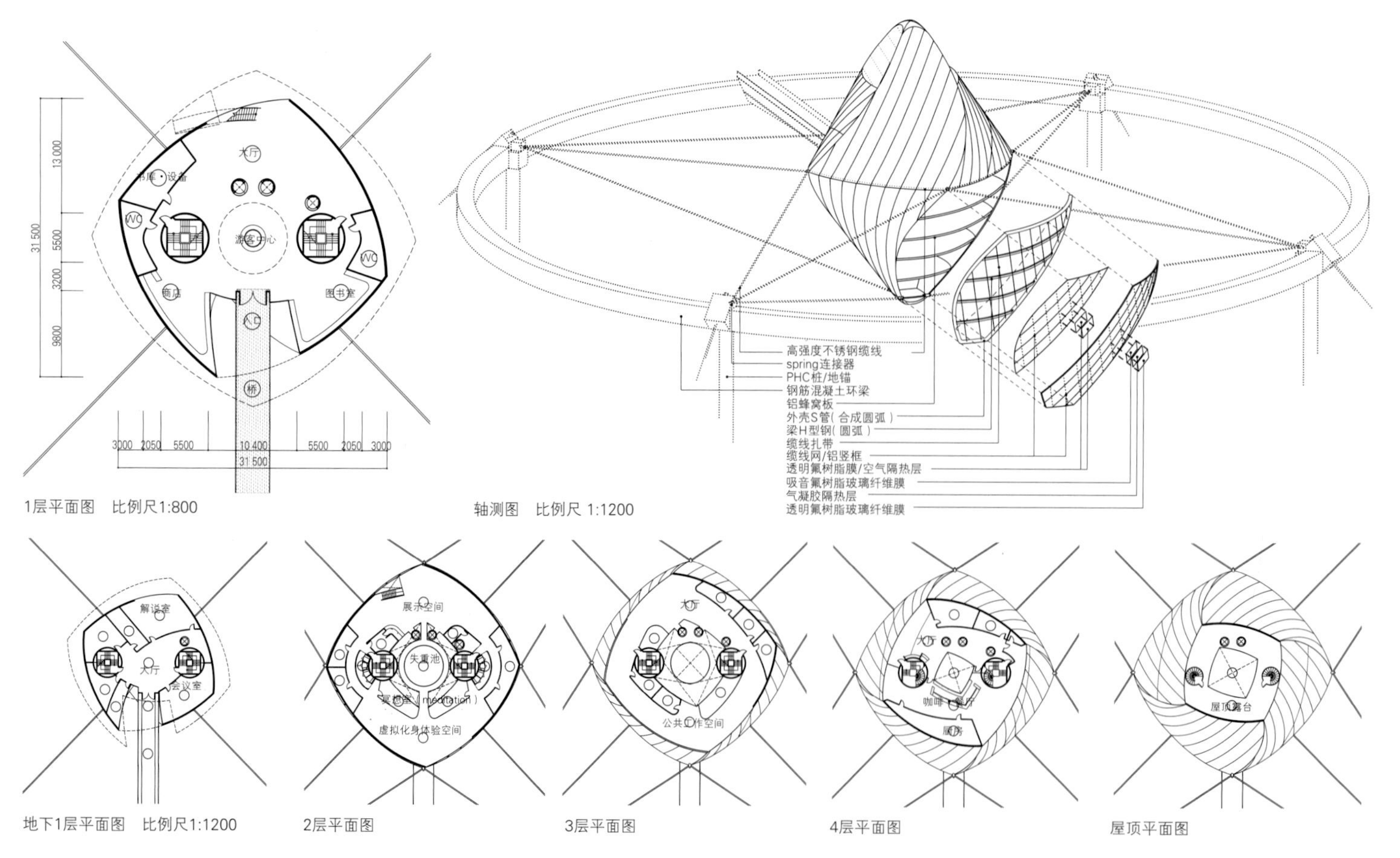

1层平面图 比例尺1:800
轴测图 比例尺 1:1200
地下1层平面图 比例尺1:1200
2层平面图
3层平面图
4层平面图
屋顶平面图

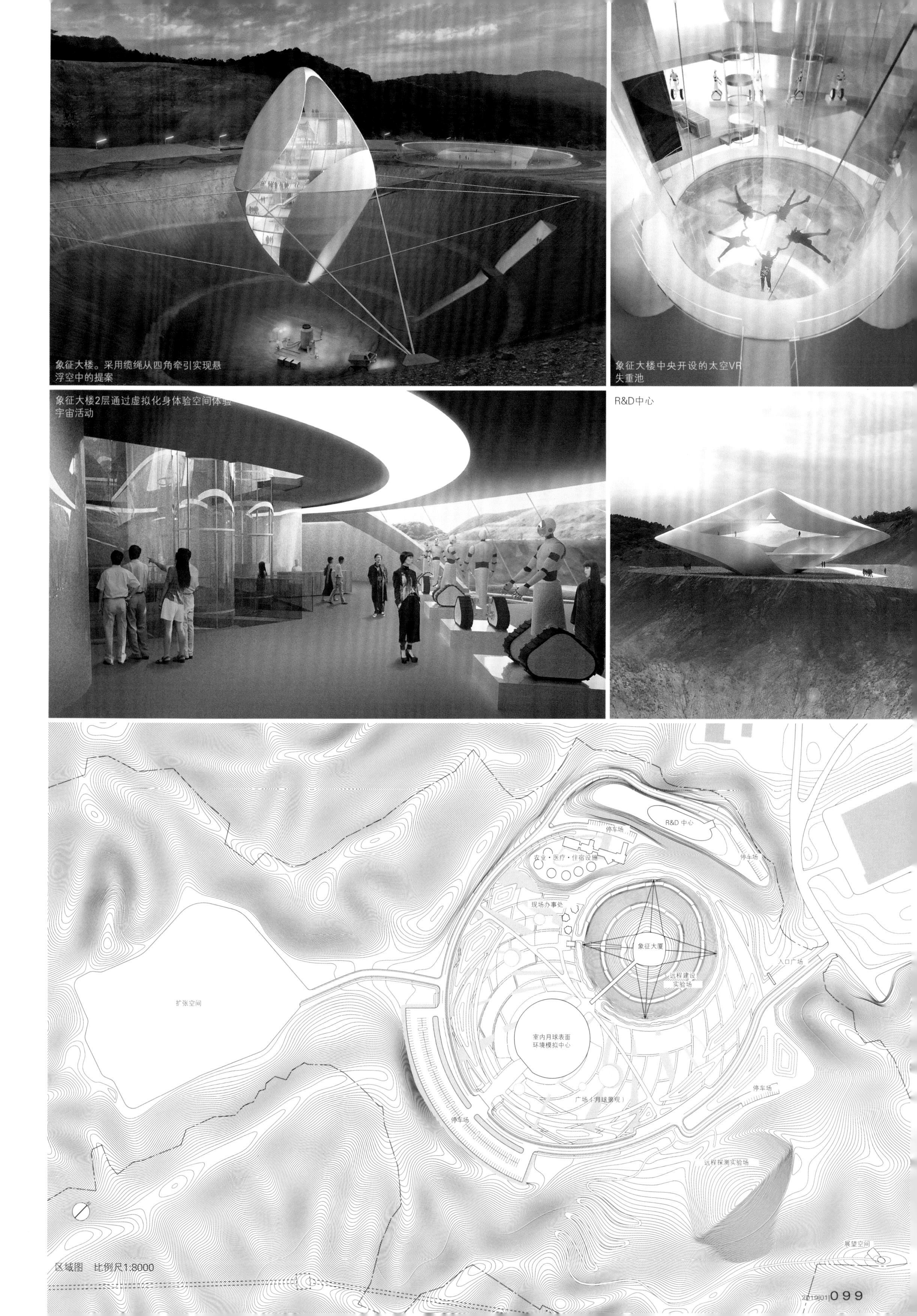

象征大楼。采用缆绳从四角牵引实现悬浮空中的提案

象征大楼中央开设的太空VR失重池

象征大楼2层通过虚拟化身体验空间体验宇宙活动

R&D中心

区域图　比例尺1:8000

札幌市圆山动物园 北极熊馆、象舍

设计　大建设计

施工　岩田地崎、中井圣特定企业联营体（北极熊馆）　岩仓建设（象舍）

所在地　北海道札幌市中央区

SAPPORO MARUYAMA ZOO POLAR BEAR MUSEUM, ELEPHANT HOUSE

architects: DAIKEN SEKKEI

从北极熊馆的水底隧道看向北极熊池（照片左）和海豹池。该项目为札幌市圆山动物园内北极熊馆和象舍的新建计划。之前动物园以生态展示为主，新设施与其不同，以展示动物饲养和繁殖为首要目标，从而设计动物居住环境

从北极熊馆北侧的室外观光区看向放养场。活用建筑用地的起伏地形，放养场参照北极熊栖息地环境而建。考虑到游客给北极熊带来压力，放养场与游客之间设置足够大的距离，在背面设置较高的岩石和水池

北极熊馆东北侧俯瞰图。东侧有世界熊馆（原有设施）

北侧外观。游客通过东侧坡地，从2层的放养场进入

■北极熊馆

设计：建筑、结构：大建设计

设备：山道设备设计事务所

施工：岩田地崎、中井圣特定企业联营体

用地面积：207 725.00 m^2

建筑面积：1206.91 m^2

使用面积：1627.52 m^2

层数：地下1层　地上2层　阁楼1层

结构：钢筋混凝土结构

工期：2015年11月—2017年10月

摄影：日本新建筑社摄影部

（项目说明详见第160页）

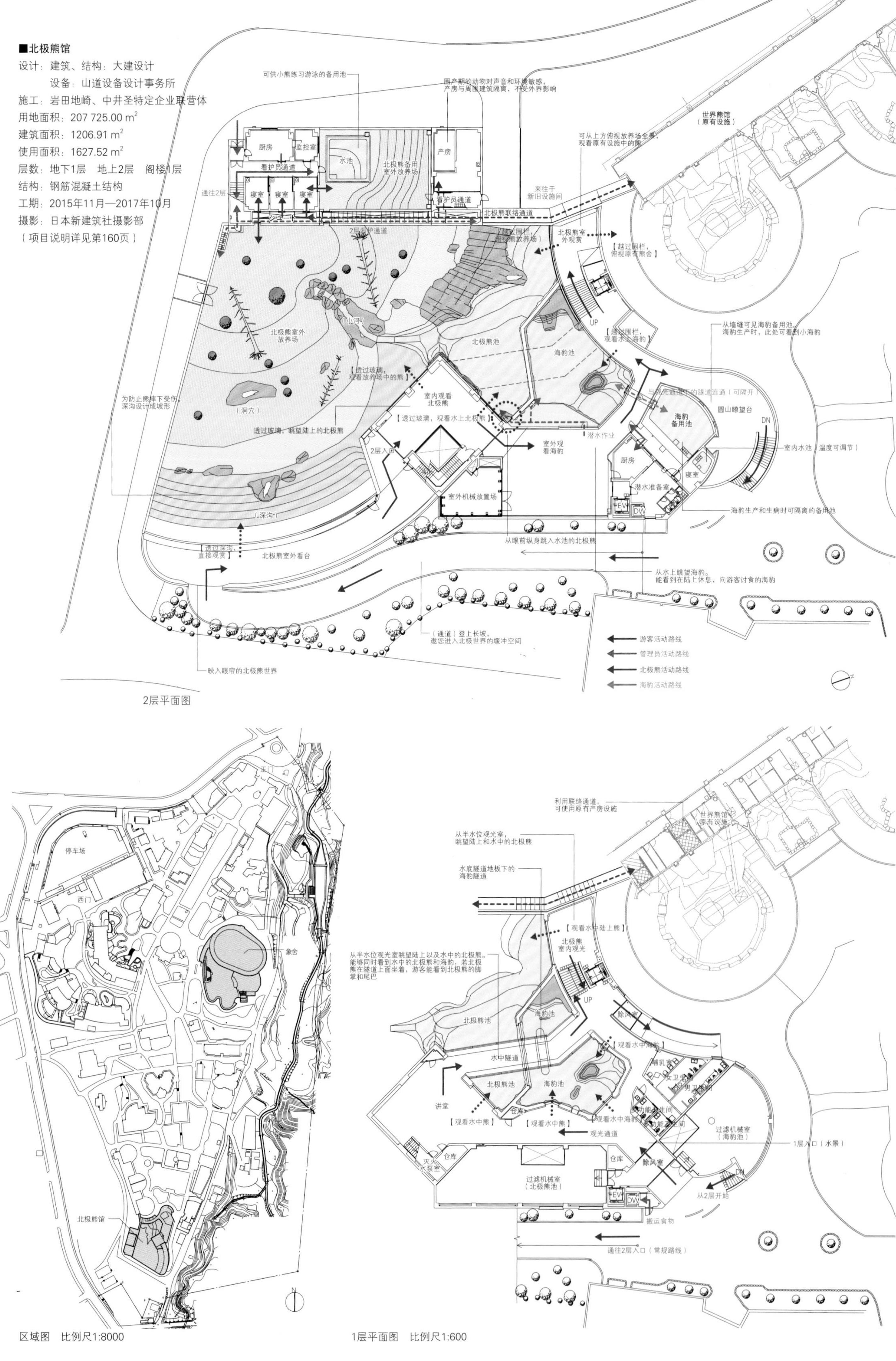

2层平面图

区域图　比例尺1:8000

1层平面图　比例尺1:600

建造适合动物繁殖的环境

在积雪寒冷地区——札幌，为在北极圈生活的北极熊和主要在热带生活的亚洲象修缮合适的饲养环境，两个设施以动物繁殖为目的，打造北极熊和大象的饲养环境。

说到底，动物才是设施的主人。动物园工作人员反复讨论，全力打造舒适的动物活动场地和安全的饲养环境。

观光空间的设计宗旨在于能够多角度观赏动物们的真实姿态。另外，场馆整体可视作博物馆，在这里不仅能开心地观看动物，还可以利用观光的机会，思考威胁动物生存的地球环境问题。

为了推进与国外动物园的合作，北极熊馆按照世界设施标准建设，拥有日本国内最大面积的饲养区。活用建筑用地的起伏，模拟北极熊栖息地哈得逊湾的冻土带，打造更加自由的散养环境。冬季里，放养场被积雪覆盖，更加接近栖息地的环境。

观光区内，立体观光活动路线是2层的入口至1层的出口。在这里，游客们在与动物同高的地方，从上至下，从下至上，多角度观赏动物。

水池处，隔着丙烯酸树脂窗，并排展示有捕食与被食关系的北极熊和海豹，再现北极圈共生场景。水池周围精心设计了多变的地形，以增加北极熊的行动范围。

游客有时也会在设计场地之外的地方看到动物的身影，每次看到北极熊做出意料之外的动作都会觉得新奇和感动，更加真切地感受到完善的饲养环境与观光环境。在不久的将来，期待该设施能够成功繁育动物，让游客流连忘返。

（松本涉/大建设计）

（翻译：刘鑫）

上：2层室内观光区视角。北极熊池越过丙烯酸树脂窗与海豹池相连
下：1层海豹观光通道。沿墙壁设置用于了解动物生态和栖息环境的展示板

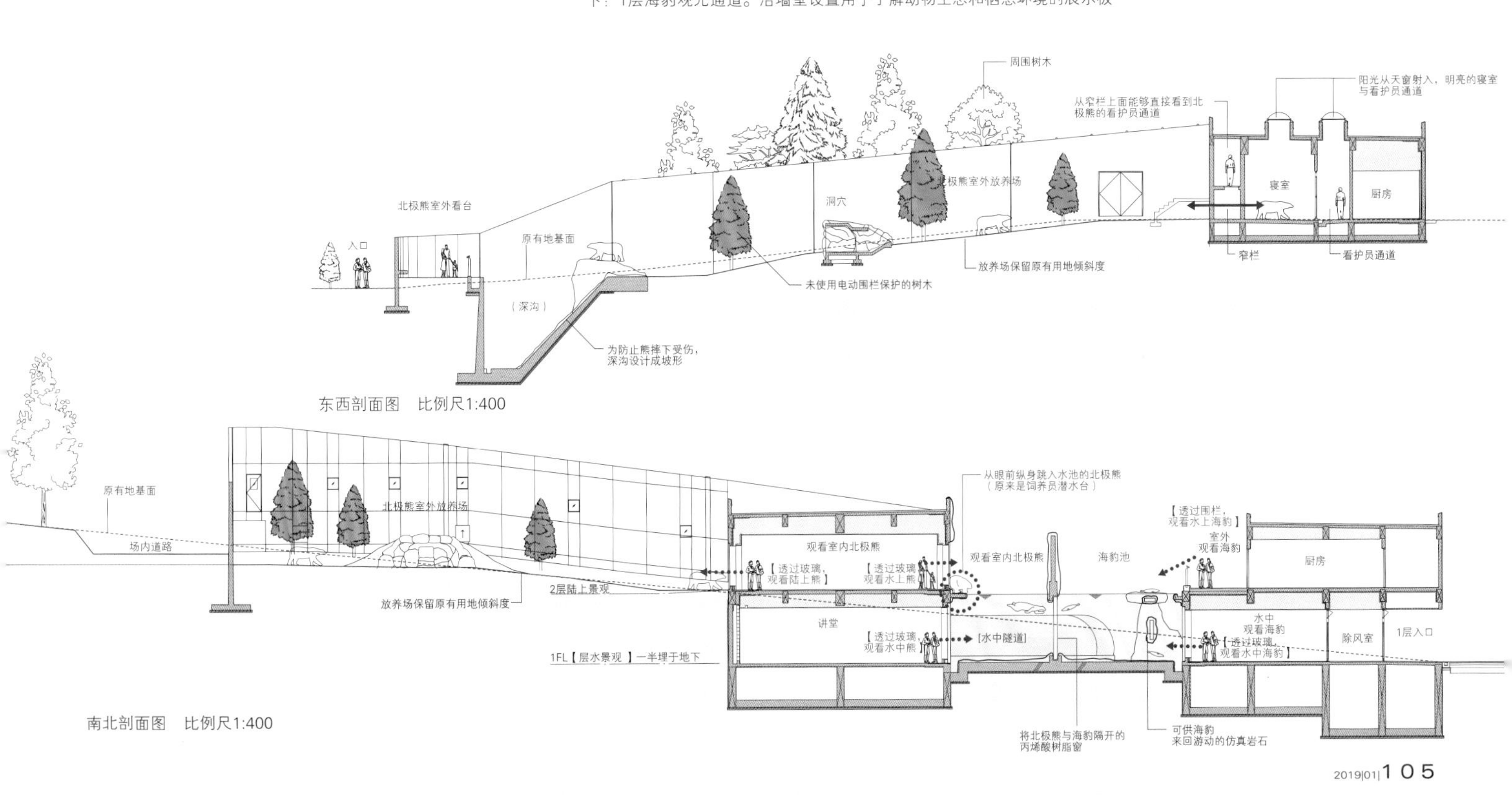

东西剖面图　比例尺1:400

南北剖面图　比例尺1:400

■象舍

东南侧俯瞰图。饲养象群的象舍。象群最初有1头雄象和3头雌象。除放养场（室外、室内）外，建造采用间接饲养法对象群进行健康管理的训练区*

训练区。为了对应象群的不同情况，进行隔离健康管理，设置许多大门和隔断。训练区建造在中间位置，以缩短管理员活动路线，节省时间和空间*

雄象放养场。天花板上安有天窗，高约9 m的大空间，即便在冬天，也能够实现散养*

贴近大自然的象群饲养环境

打造大自然中的象群生活环境，拥有日本国内顶级的场地。为了方便象群来回走动，建造广阔的放养场。在室内室外的各个场所，都能给大象投食。在新设施中，1天将近16个小时都在进食的大象，在放养场里来回走动觅食。室内放养场没有设置寝室，终日散养。从天窗射进的阳光，散落在明亮的无柱空间内。室内设置沙地和可供大象洗澡的水池。在冬季下雪天闭馆时，可以在室内饲养象群。

采用世界先进饲养管理方法——间接饲养法。间接饲养法是指饲养员不需要进入大象空间，隔着专门制造的栅栏与大象接触，进行健康管理的饲养方法。建造减轻大象压力，确保饲养员安全的饲养环境。另外，设置许多大门和隔断，打造可以应对多种饲养方法的环境。

观光空间内，在流畅的观光活动路线中，从上面可以观看正在吃食物、接受间接饲养的大象的姿态。结合展示板，在这里可以观看、感受、了解大象。为了维持室内的饲养环境，室内采用外隔热工法，从天窗自然采光。使用日本国家首个象舍循环过滤设备，实施面向环境减负，减少LCC（建筑管理成本）的举措。

（松本涉/大建设计）

采用间接饲养法的训练场景**

■象舍

设计：建筑、结构：大建设计
设备：BEGOING
施工：岩仓建设
用地面积：207 725.00 m²
建筑面积：3231.07 m²
使用面积：4117.51 m²
层数：地下2层　地上2层　阁楼1层
结构：钢筋混凝土结构　部分为钢架结构
工期：2017年3月—2018年10月
摄影：日本新建筑社摄影部
*摄影：KS PHOTO
**图片提供：札幌市圆山动物园
（项目说明详见第160页）

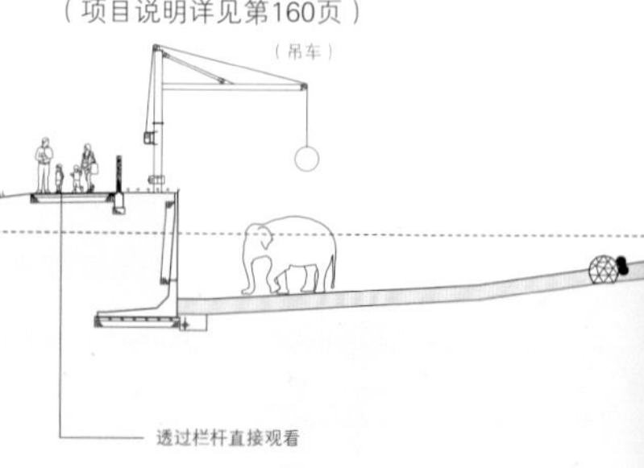

剖面图　比例尺1:400

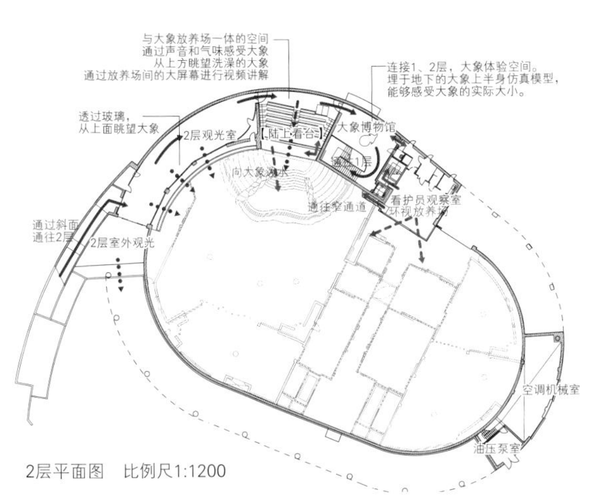

2层平面图　比例尺1:1200

2层观光室。透过玻璃看向雌象放养场。墙面装有展示大象生态知识的展示板*

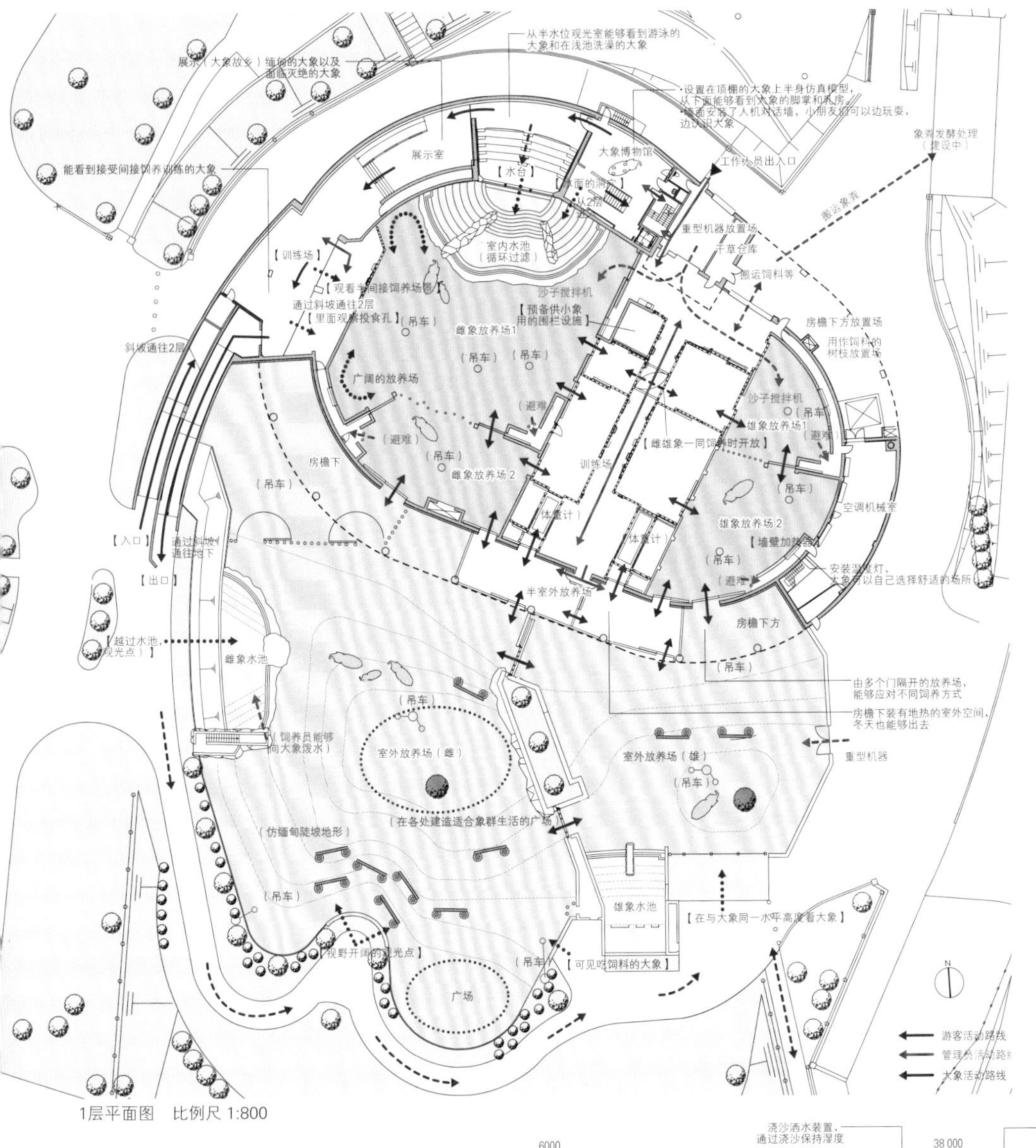

1层平面图　比例尺 1:800

上：1层水中看台。能够看到大象洗澡*
中：训练观光区。能够看到采用间接饲养法的大象身影*
下：西侧外观。为减少游客给大象的影响，在与游客的活动路线之间，放置木头和仿真岩石

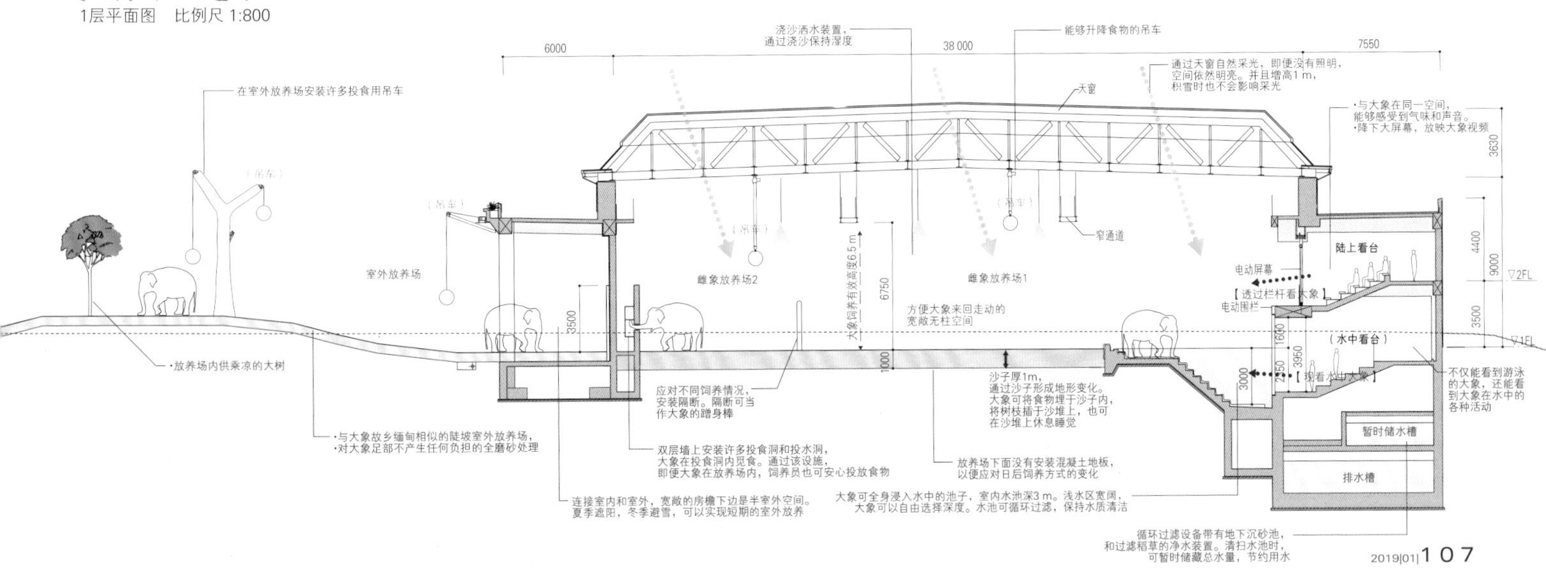

迪桑特创意工作室综合楼

设计施工　竹中工务店

所在地　大阪府茨木市

DESCENTE INNOVATION STUDIO COMPLEX

Architects: TAKENAKA CORPORATION

跑道贯穿建筑内外一圈，此处为东侧视角。迪桑特专门从事运动产品制造与销售，本项目为迪桑特新型运动服装产品研发基地，将原先分散在各处的基础研发、产品研发和品质研发部门集中到一处。利用该综合楼的主要是东京和大阪的社员以及一些运动员。场馆内部具有共同开发和实验功能，通过屋檐高低错落的建筑造型将企业追求“速度”与“形态”的理念具象表达出来

10
20
30
40
40
30
20

从2层俯瞰创意工作室。顶棚高约9.2 m，柱子呈V形（跨距10.8 m），上方支撑屋顶的跨距较窄，因而没有抗震设计感，打造出屋顶轻盈的开放空间。外部用高度9.2 m的玻璃幕墙装饰，是空腹桁架结构

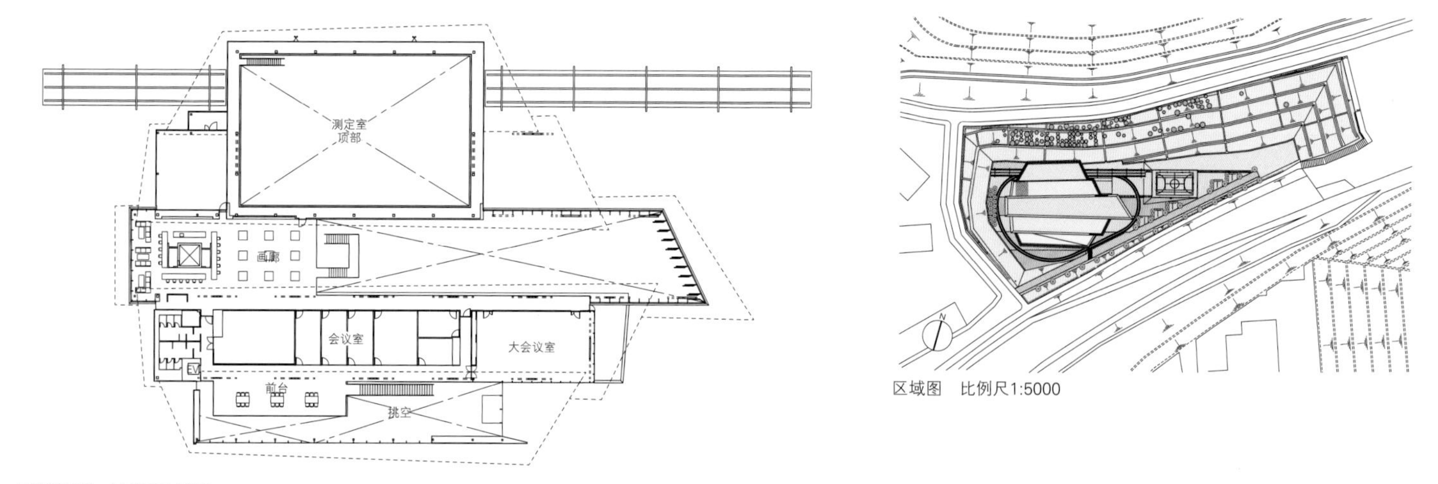

2层平面图 比例尺1:1000

区域图 比例尺1:5000

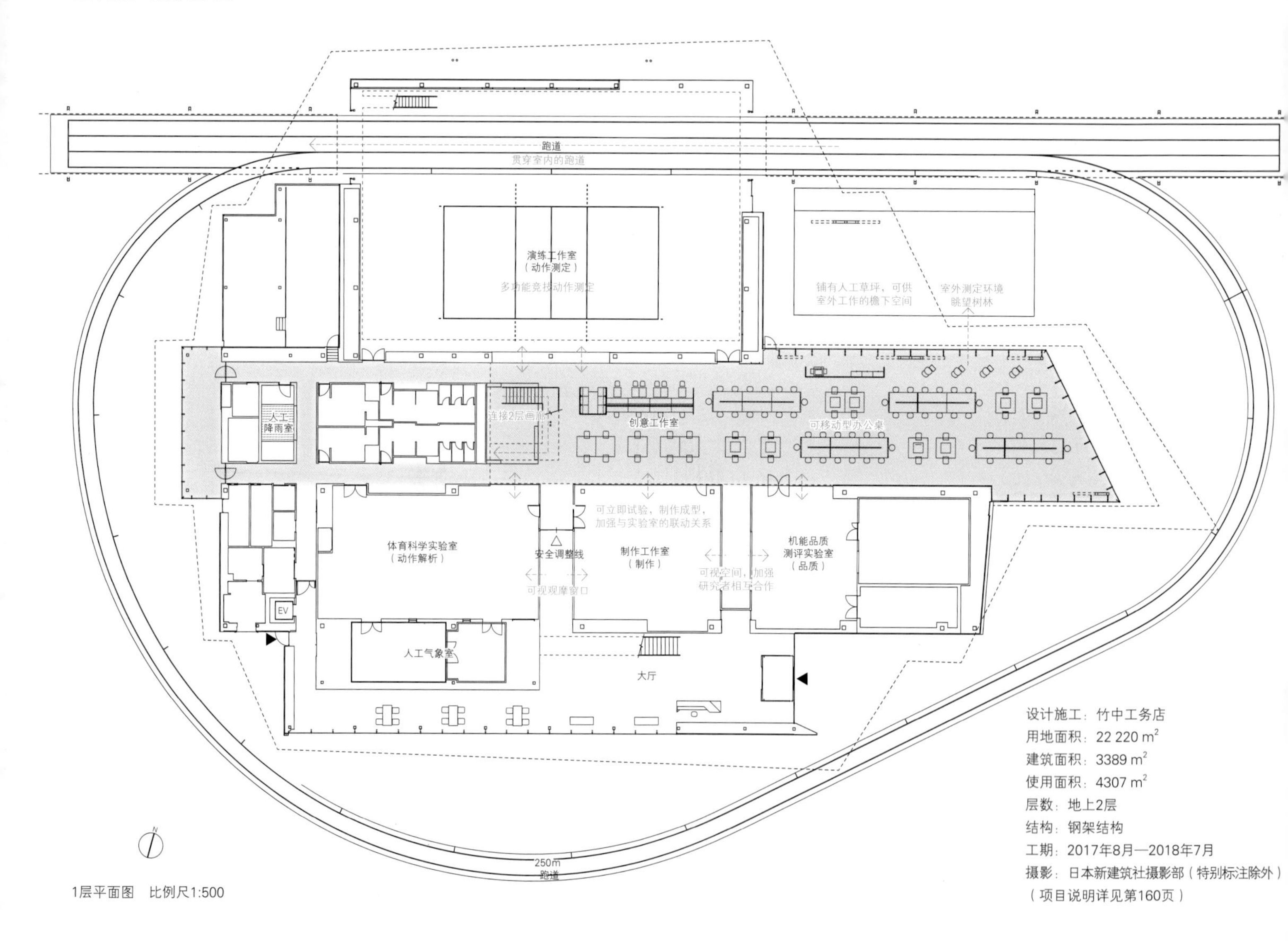

1层平面图 比例尺1:500

设计施工：竹中工务店
用地面积：22 220 m²
建筑面积：3389 m²
使用面积：4307 m²
层数：地上2层
结构：钢架结构
工期：2017年8月—2018年7月
摄影：日本新建筑社摄影部（特别标注除外）
（项目说明详见第160页）

SPEED IS ELEGANCE——速度即是美

迪桑特的设计内涵是速度与果敢。迪桑特是法语“滑降”的意思，象征朝着目标前进，走在时代前沿的果敢精神。在地势平坦、绿意盎然的大阪“彩都”坐落着各式各样的研究基地，本项目则是一处传承迪桑特品牌精神、面向未来的研发基地。

沿着建筑场地与地形的起伏，设计出代表迪桑特“速度”与“果敢”的五个屋顶。产品研发工作室位于建筑中央，两侧平行排列测定室、耐候实验室等辅助产品研发的科室。制作、测定、试验等功能集于一体，随处都可切身体验产品研发的流程。内部空间流畅开阔，同时调节光与风力，使人仿佛置身于大自然。

跑道长250 m，环建筑内外一圈，使人不禁想要活动身体，赋予人与建筑跃动感和一体感，印证永不停息的产品研发与品牌精神。分秒必争，敏锐把握时代动向的运动服装产品研发，不论是作为试验对象的运动员还是研究者，这里的一切都注重人的感受，致力于打造拥有创造活力与生产能力的研发中心。衷心期望本研究基地生产的运动产品能给热爱体育的人们带去感动。

（岩崎宏+松冈正明/竹中工务店）

（翻译：朱佳英）

目前在职人员30名，将来准备扩充至50名，座位已提前安置。屋顶重合处设有高侧窗，室内采用自然采光与间接照明，平均照度可达600 lx，桌面照度为300 lx。大空间温度由地板空调调节，避免产生直流气体，一般空调只安装在起居室

2层会客室前，由大厅向外看

2层下方楼梯台加宽，可用作交流区域。照片左侧为进行动作测定的演练工作室

左侧为进行动作解析等的体育科学实验室，右侧为制作工作室。里侧为创意工作室

由演练工作室内部看向与外部连接的跑道

由创意工作室看向演练工作室。创意工作室桌子的尺寸可以满足工作表或产品铺开的需求

东南侧外观。创意工作室房檐外延最大值为6 m。为保证办公环境视野良好且避免阳光直射，设计师调整玻璃角度、房檐外延、百叶窗数量以及纵深等参数，反复思考日照量与建材尺寸，以确定建筑外形

东侧俯瞰图。建筑用地为南北起伏的三角形场地

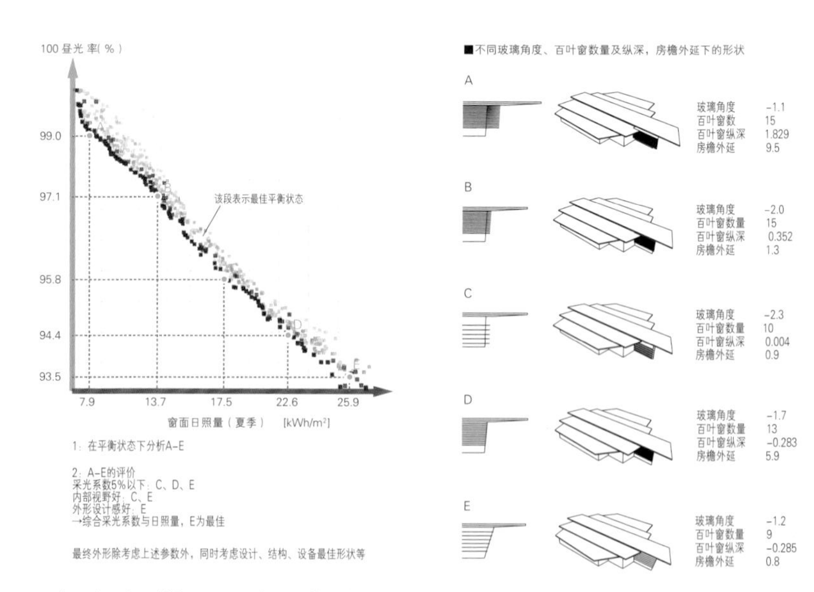

办公室采光系数与日照量平衡及形状设计模拟图例

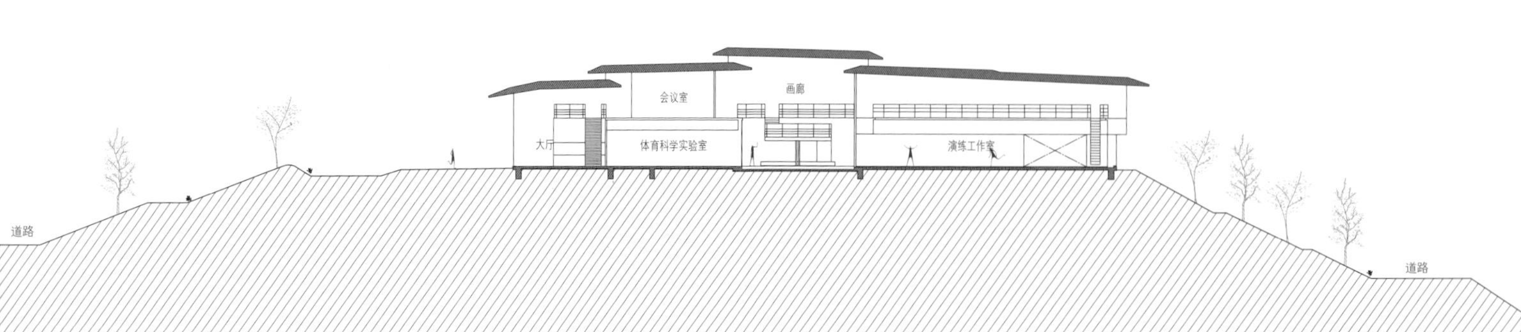

南北剖面图　比例尺1:600

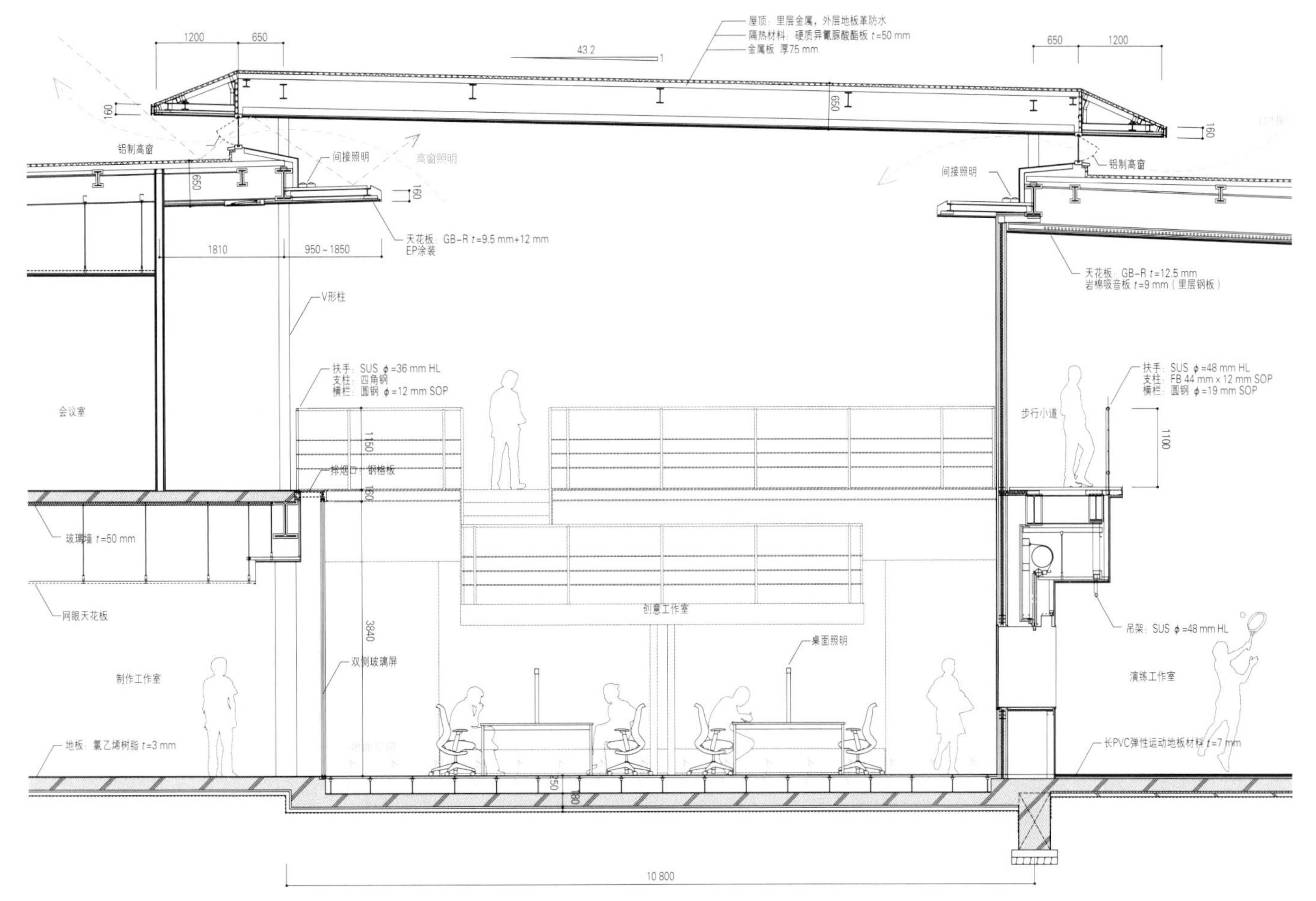

南北剖面图　比例尺1:100

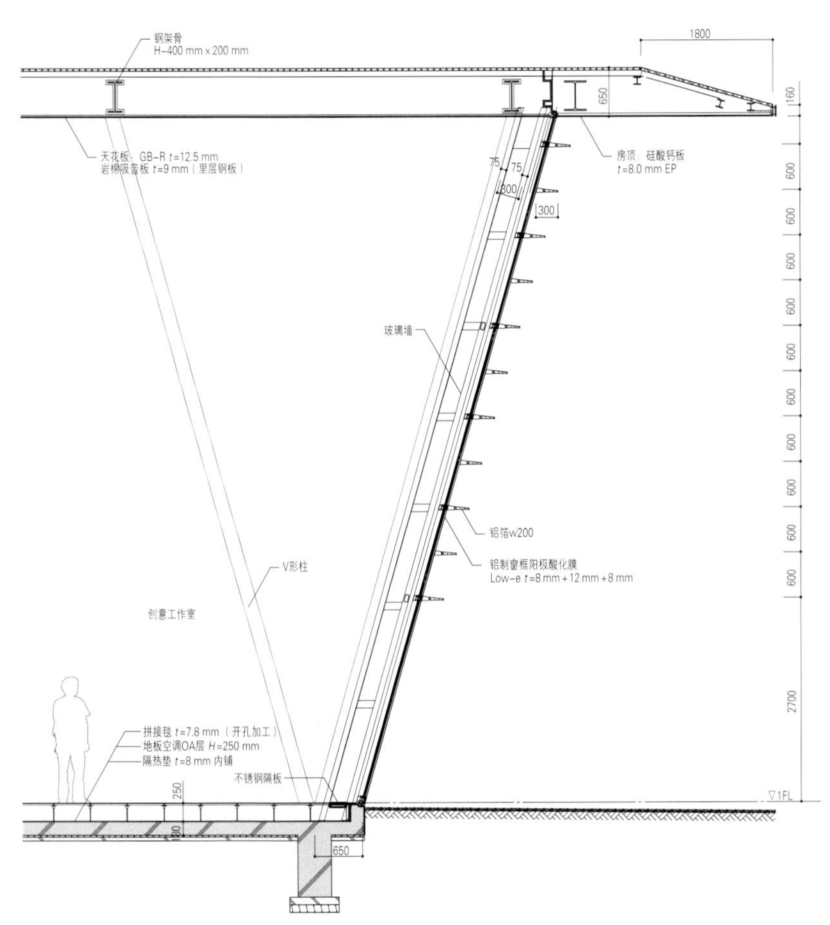

创意工作室开口部剖面图　比例尺1:100

上：南侧外观
下：建构完成时的支撑架。V形柱上方加设柱子，用以支撑屋顶

图片提供：竹中工务店

SHARE GREEN MINAMI AOYAMA

企划・监修　NTT都市开发
设计　REALGATE　TRANSIT GENERAL OFFICE（设计指导）
　　　SOLSO（景观设计）
施工　BENAFIT LINE　R.E.M.（办公楼）
所在地　东京都港区
SHARE GREEN MINAMI AOYAMA
architects: REALGATE　TRANSIT GENERAL OFFICE　SOLSO

东南侧全景。该项目为毗邻青山公园，占地约9400m²的综合设施。以中央的草坪广场为中心，四周有由物理仓库改造而成的咖啡馆、商店和办公楼（LIFORK）。建筑所有者NTT都市开发表示，为进一步提高建筑用地的有效使用程度，本设施作为项目前期阶段的临时设施，将考虑增强与周边公园的联系等，研究如何提高公共区域的使用率

新公园生活方式提案

根据都市规划，该用地大规模开发受限。过去，该地主要用于建造样板房和仓库，为提高未来的有效使用率，设计师决定结合北侧的青山公园，打造开放空间，从而提升这片区域的活力。本建筑作为临时设施进行改造（时限未定）。

本建筑用地周围属于市中心一等地段，植被覆盖率高，地理位置优势突出。作为设计理念，首先要展现绿色的魅力，并更好地突出公众这一主体。本项目设计重点在于营造与周边青山公园、青山陵园的一体感，摆放各式盆栽，以具有开放性的草坪广场为中心，周围配置咖啡馆、商店，以及能实现自由办公的办公楼，让大家都能分享到此处的浓浓绿意。

希望本建筑能让遛狗的市民驻足欣赏，能成为在附近公园吃午餐的上班族放松身心的场所。

为发挥增强地区活力的特殊作用，该项目将着力提高地区有效使用率，以各种形式展现市中心的“绿”所具有的潜力。尤其是绿植围绕的广场，不仅供休憩之用，更要吸引各类活动，获得活动举办场地收益。如此一来，开放的公共区域不再只交管理费，也能（凭借场地出租）实现营利，有望大大改变今后公共区域的运营方式。

（宗慎一郎+丰岛朗/NTT都市开发）

（翻译：朱佳英）

标志性公园纵观。藤架全长约24.5 m，下方放置桌子与盆栽。可供来访者休息，或办公楼上班族碰头商议用。

从咖啡馆看向中央草坪广场

从草坪广场看向标志性公园。广场因为附近的孩子和遛狗散步的市民而十分热闹。远处可见六本木的高楼大厦

咖啡馆、商店夜景。改建自原有仓库，整体不变，更换窗框。沿草坪广场放置盆栽和长椅

办公楼（LIFORK）1层走廊视角。1层的工作空间并未铺设地板和天花板，由租客决定各自装修风格

办公楼（LIFORK）2层走廊视角，可见公用休息室。2层走廊铺设地毯，给人绿意盎然的感受

商店（SOLSO PARK）视角。店铺的盆栽摆满庭院。远处可见办公楼

由商店内侧向外看

咖啡馆内景。办公楼上班族可享受优惠价

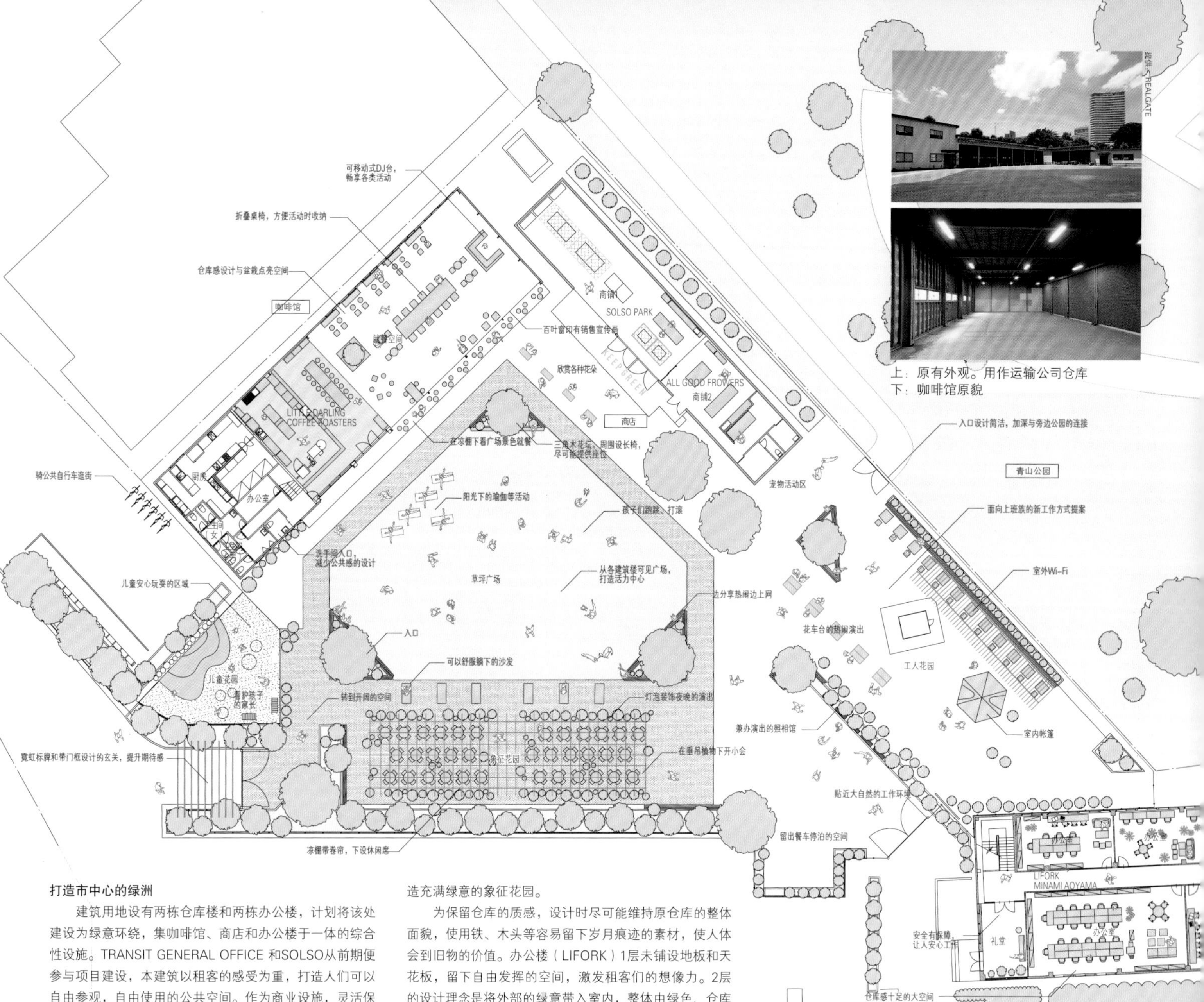

上：原有外观。用作运输公司仓库
下：咖啡馆原貌

打造市中心的绿洲

建筑用地设有两栋仓库楼和两栋办公楼，计划将该处建设为绿意环绕，集咖啡馆、商店和办公楼于一体的综合性设施。TRANSIT GENERAL OFFICE 和SOLSO从前期便参与项目建设，本建筑以租客的感受为重，打造人们可以自由参观，自由使用的公共空间。作为商业设施，灵活保障各式活动举办，需要在场地设置、人员移动路线设计上下功夫，同时也要考虑与周边环境的融合，甚至SNS的宣传效果。综合以上因素进行一系列归纳整理，旨在打造一个令人更加快乐的场所。

项目设计无缝连接多种场地，以平时举办活动、节目的草坪广场为中心，在办公楼（LIFORK）为上班族设置与室内同样带有Wi-Fi的工人花园，为母亲们打造安心供孩子游玩的儿童花园，同时也为带宠物前来散步的人们打造充满绿意的象征花园。

为保留仓库的质感，设计时尽可能维持原仓库的整体面貌，使用铁、木头等容易留下岁月痕迹的素材，使人体会到旧物的价值。办公楼（LIFORK）1层未铺设地板和天花板，留下自由发挥的空间，激发租客们的想像力。2层的设计理念是将外部的绿意带入室内，整体由绿色、仓库感十足的黑色，以及木质墙壁分割区域。

这里独具魅力的设计理念是使绿色成为人们各自生活的风景，并以此作为彼此相互联系的纽带。虽然这里是商业设施，但希望能吸引广大市民们每日前来，成为一个发掘、发扬新文化的场所。

（菅原大辅/ REALGATE）

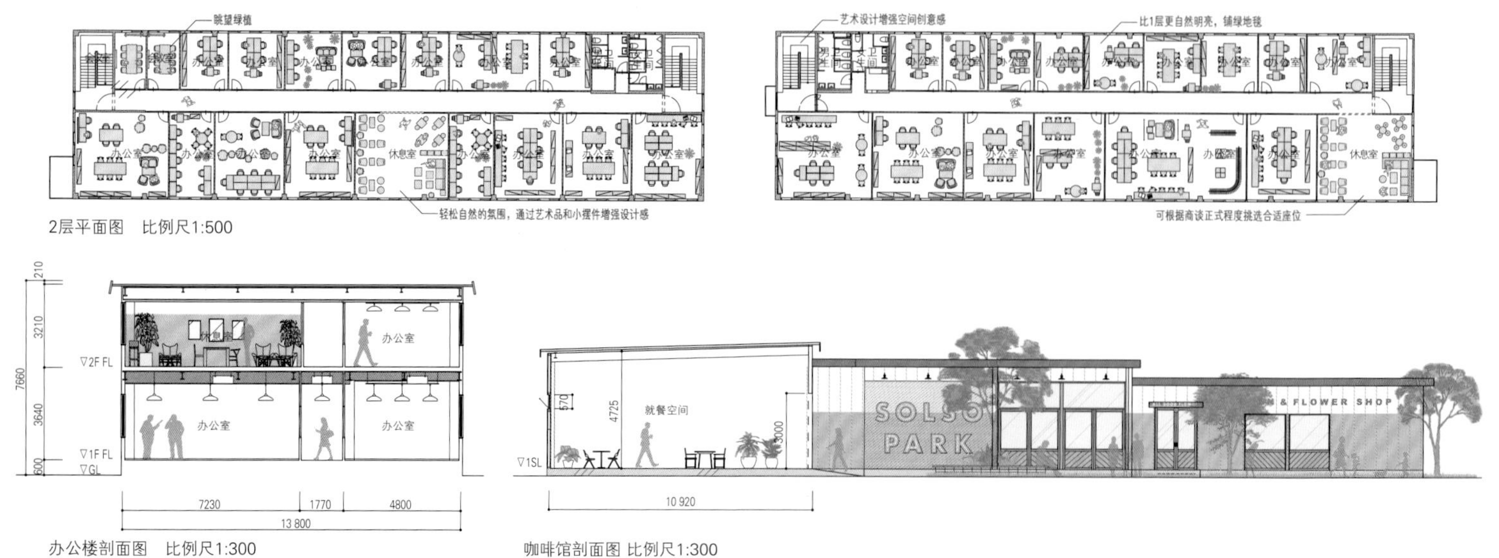

2层平面图　比例尺1:500

办公楼剖面图　比例尺1:300

咖啡馆剖面图 比例尺1:300

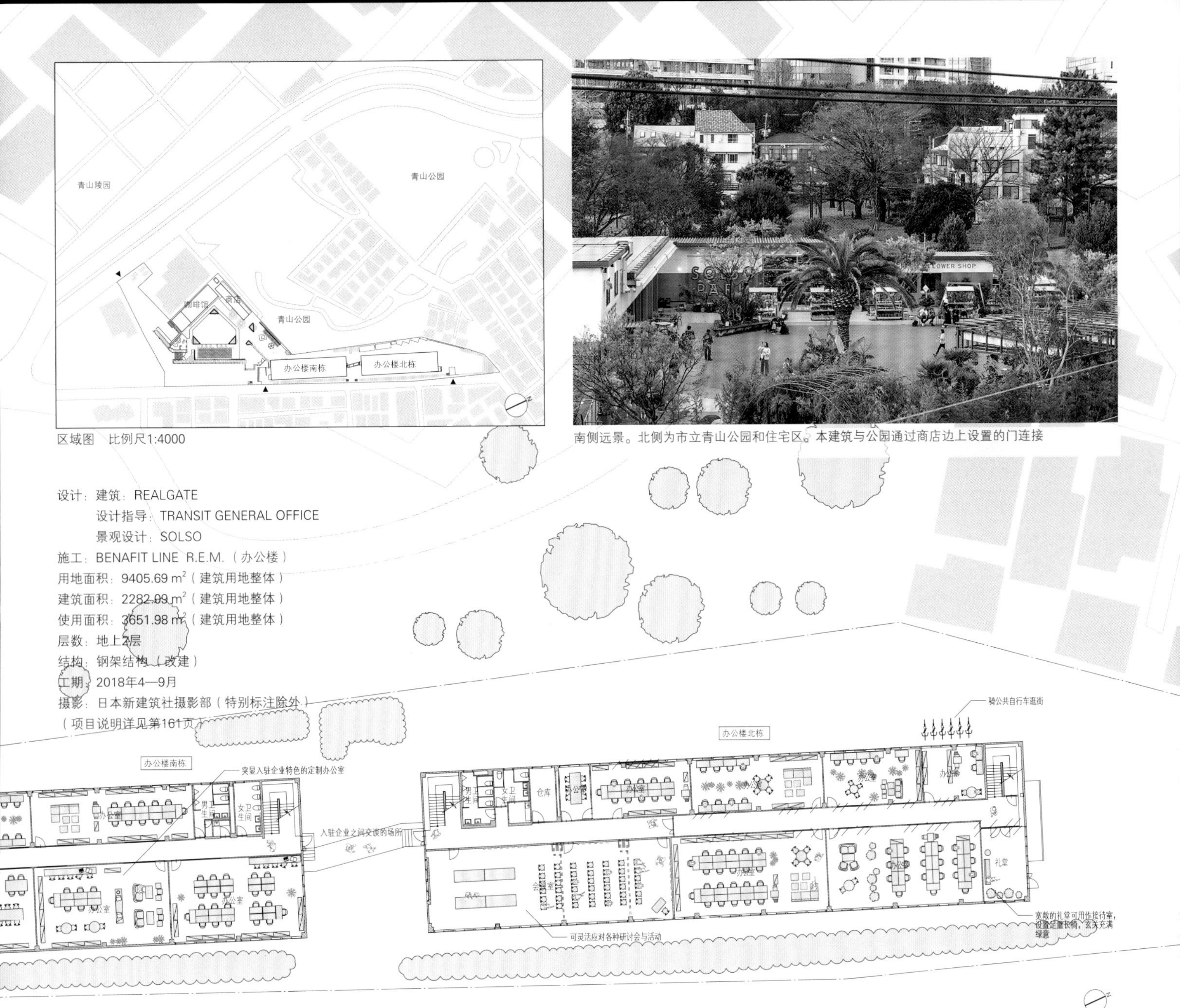

区域图　比例尺1:4000

南侧远景。北侧为市立青山公园和住宅区。本建筑与公园通过商店边上设置的门连接

设计：建筑：REALGATE
设计指导：TRANSIT GENERAL OFFICE
景观设计：SOLSO
施工：BENAFIT LINE R.E.M.（办公楼）
用地面积：9405.69 m²（建筑用地整体）
建筑面积：2282.09 m²（建筑用地整体）
使用面积：3651.98 m²（建筑用地整体）
层数：地上2层
结构：钢架结构（改建）
工期：2018年4—9月
摄影：日本新建筑社摄影部（特别标注除外）
（项目说明详见第161页）

区域图　比例尺1:4000

东北侧夜景。草坪广场可用于租赁

日野KOMOREBI骨灰堂

设计　柳泽润　Contemporaries

施工　渡边·见上建设工程企业联营体

所在地　神奈川县横滨市港南区

HINO-KOMOREBI OSSUARY

architects: CONTEMPORARIES / JUN YANAGISAWA

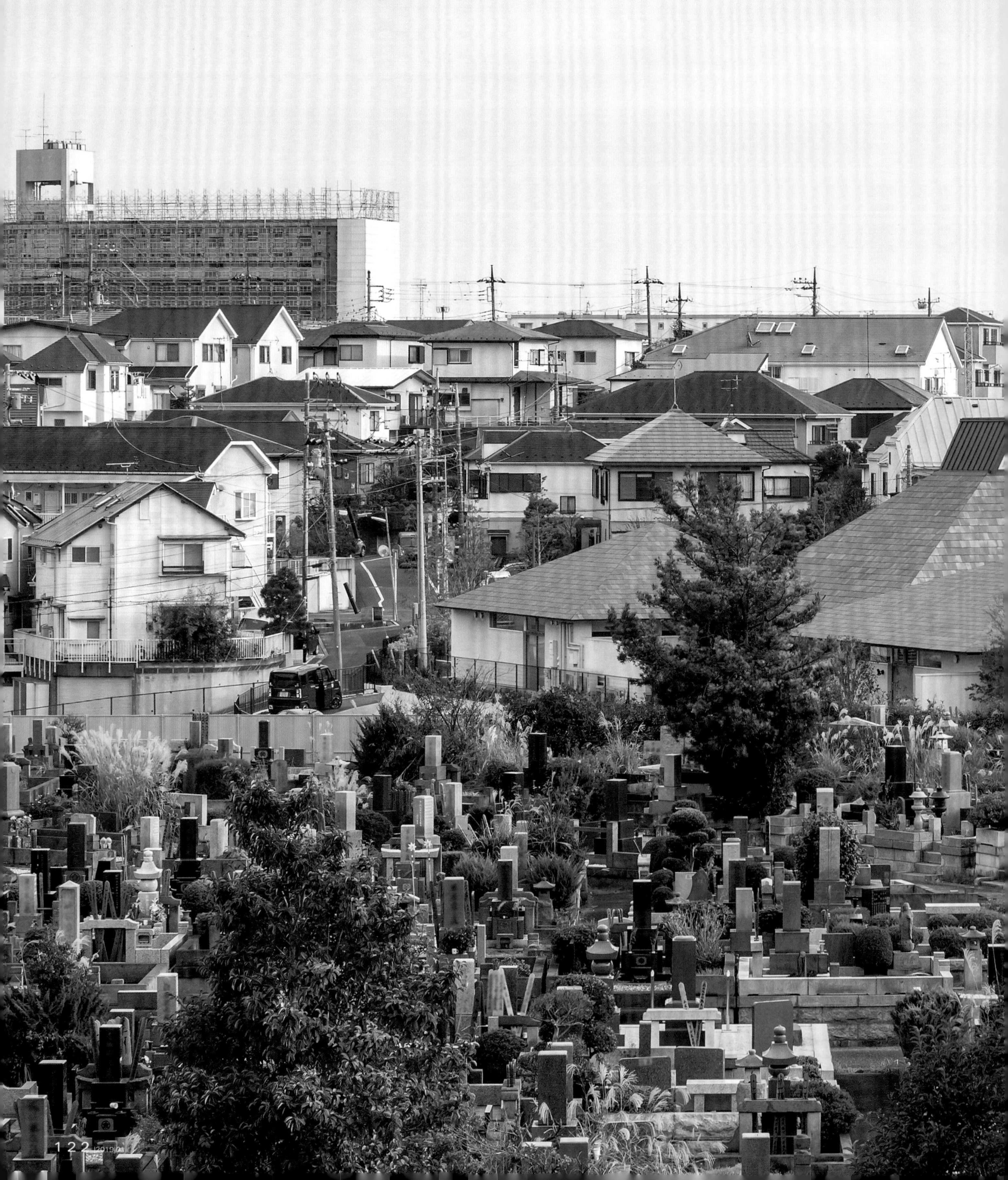

隐藏空间 景观建筑

2000年以后，横滨市探讨了墓地问题，内容包含对墓地的保护和管理。在该背景下，2013年8月，日野KOMOREBI骨灰堂作为自治体和首次形成规模的自动运送式骨灰堂，被选为公共设施。用地位于住宅地的正中间，建在郁郁葱葱的公园墓地的坡地上。初到用地时，公园墓地繁茂的绿植、远处的未来港里程塔、北侧宽广的坡地上的排排民宅，这一切如同聚落一般给我留下了深刻印象。因此，想在这里打造融合自然的、宛如风景一样的建筑。我们不断摸索设计方案，考虑不将骨灰堂这个特别的设施设计成封闭空间，而是将其设计成有亲近感的场所。一般的自动运送式骨灰堂是像多层停车场一样收纳在封闭的箱子中的，人们在大理石建筑的参拜大厅祭拜。此次，我们最大限度灵活采用当地环境，致力于打造能够在自然环境中追念故人、在紧张氛围中也能有安心感的空间。

比周边民宅稍大些的方形屋顶建筑形成一个个小单位空间，这些方形屋顶偏离中心位置，打造出屋顶群的造型，建筑本身的设计借助了墓地和民宅的景致，进行了各种尝试。在平面、剖面的设计上，既有空间的偏离又有重叠，在水平方向的各个角度设计视线和空间的盲点，使之与庭园既相连又分离，如此反复。自然光从顶棚的天窗照入，连接着外部的风景，这种设计使顶棚、墙壁和植被、地面合成的风景虽然是静止的，但是每走一步都能感受到不同景致。建设这样的分散空间，使悼念故人的方式呈现多元化。

我们尝试的结构参考了2010年竣工的enpark的壁柱空间，而且还借鉴了2015年竣工的“南相马大家的游乐园”，尝试木头架构形成地域标志，打造大众设施。

东日本大地震之后，又追加建设了Contemporaries。用灵活的形式尝试打造隐藏的空间、景观式建筑。

（柳泽润/Contemporaries）

（翻译：迟旭）

北侧视角。在横滨市经营的日野公园墓地内，活用未利用的土地策划建造骨灰堂，为了应对墓地需求和墓地形式多样化，配备自动运送式、合葬式骨灰安放设施

入口大厅视角。从高侧窗射入的光反射到防燃杉木百叶窗上，室内采光均一稳定。家具由藤森泰司工作室制作

北侧视角。转移一部分现有墓地，将原来作为材料放置地使用的土地和坡地重新利用起来，地形、呈连续方形的屋顶、连接街道边的树木，形成了别致的景观

从合葬式骨灰安放设施参拜区看向庭园4的多花梾木。钢性较强的角支撑和水平梁作为角管来使用，解决了屋顶的推力。同时打造出可以穿过的壁柱空间

区域图　比例尺 1:1500

设计：建筑：柳泽润　Contemporaries
　　　结构：铃木启　ASA
设备：ZO设计室
施工：渡边・见上建设工程企业联营体
用地面积：3745.70 m²
建筑面积：1100.17 m²
使用面积：1447.13 m²
层数：地下1层　地上1层
结构：钢架结构　部分为钢筋混凝土结构
工期：2016年9月—2018年3月
摄影：日本新建筑社摄影部
（项目说明详见第163页）

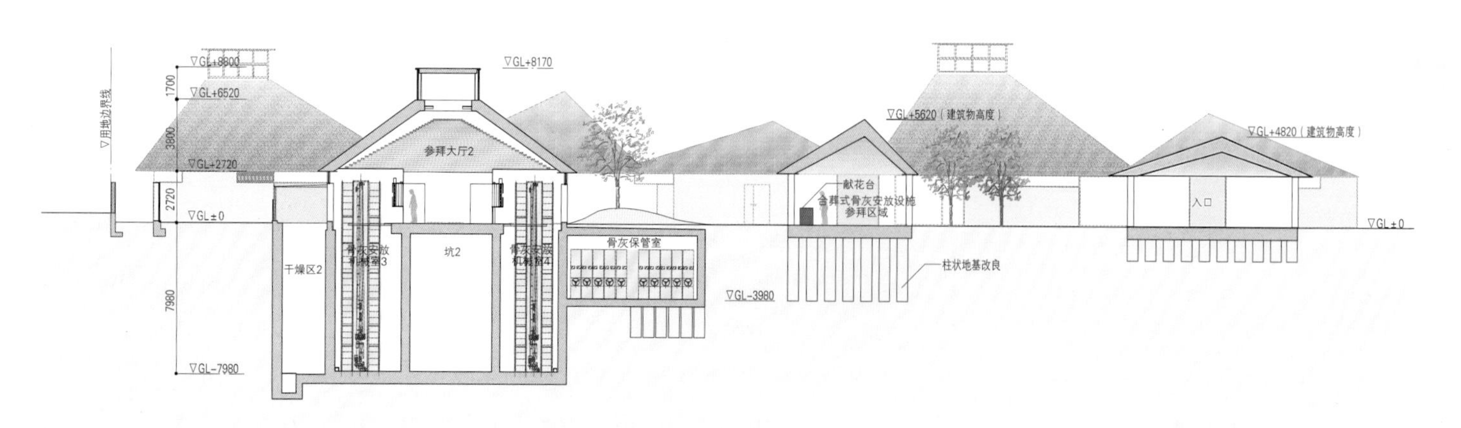

剖面图　比例尺 1:400

从庭园1上空看向西北方向。8个形状各不相同的方形屋顶在平面上既错落有致又相互连接。屋顶建材使用炻器材质花砖

空调环境计划

因为顶棚很高，室内有较大空间，所以采用高效率空调。回收滞留在顶棚的暖气，供暖时再次利用，以降低空调负荷。另外，在夏季、冬季时期，室外空气从室温较稳定的地下室通过，为了减少空调负荷，采用冷却管的方式。

光环境计划

从高侧窗射入的自然光在天窗的里侧反射，扩散光给参拜空间营造稳定的光环境。为了形成均一的光环境，进行了“光源下落”模拟实验，根据实验结果在天窗上方设置4个等级的螺距。

（中山智仁/Contemporaries）

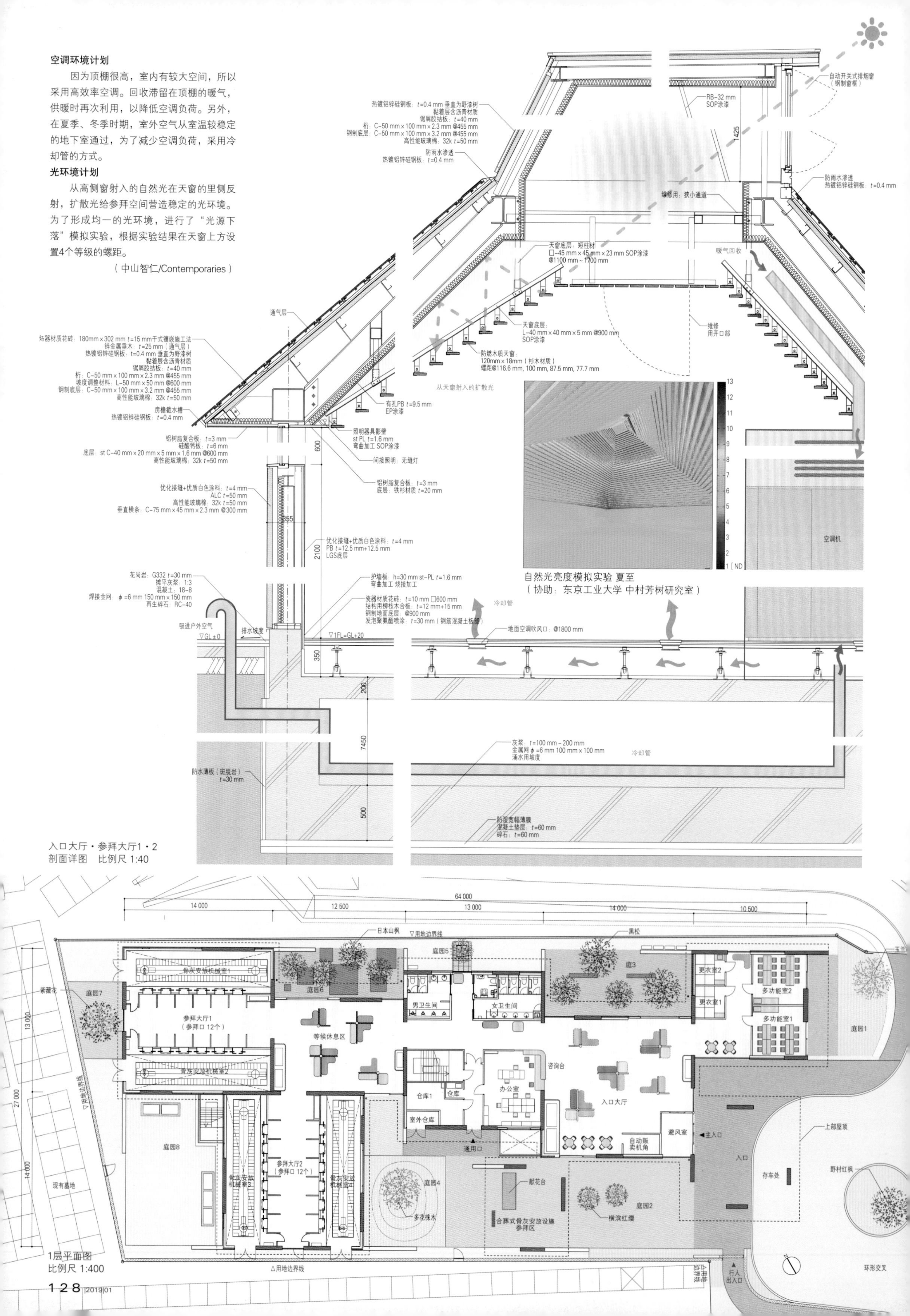

自然光亮度模拟实验 夏至
（协助：东京工业大学 中村芳树研究室）

入口大厅・参拜大厅1・2
剖面详图 比例尺 1:40

1层平面图
比例尺 1:400

从参拜大厅1看向等候大厅。并排分布着12个参拜口

参拜口

庭园6，等候区视角

N's YARD

设计　KIAS 石田建筑设计工作室

施工　八光建设·东昭建设特定建设工程企业联营体

所在地　栃木县那须盐原市

N'S YARD

architects: KIAS

东南侧俯瞰视角。建于那须山脚下的森林中，作为个人美术馆，展示美术家奈良美智未发表的作品及收藏品。在森林里矗立的单体建筑容积中，改变每个容积的比例和采光方式，布置成风格完全不同的五个展室。该结构不仅能较好存放奈良老师丰富多彩的作品，还设置前室于各处，致力于打造参观者能够充分感受空间连续的展示场所。

东南侧入口。把在那须采掘的芦野石通过切断机加工成断层纹理，层层叠起建成外墙壁，考虑到石头所投射影子的面积大小，设定石头接缝处的宽度和石头露出的尺寸

从3号展室看向2号展室和最里面的1号展室。改变每个展室的采光方式，使各展示空间具有不同风格

从商店前的走廊看向入口处。走廊的建材是由那须盐原市内河流中的小石子混合研磨而成的水磨石，提取当地矿物的颜色作为装饰色

四面由高侧光包围的4号展室。顶棚高度为7.4m，除了展示绘画作品外，还可以展示雕刻等大型作品

1号展室。设置透光顶棚，室内采光为均质柔和的自然光，顶棚高度为4300 mm

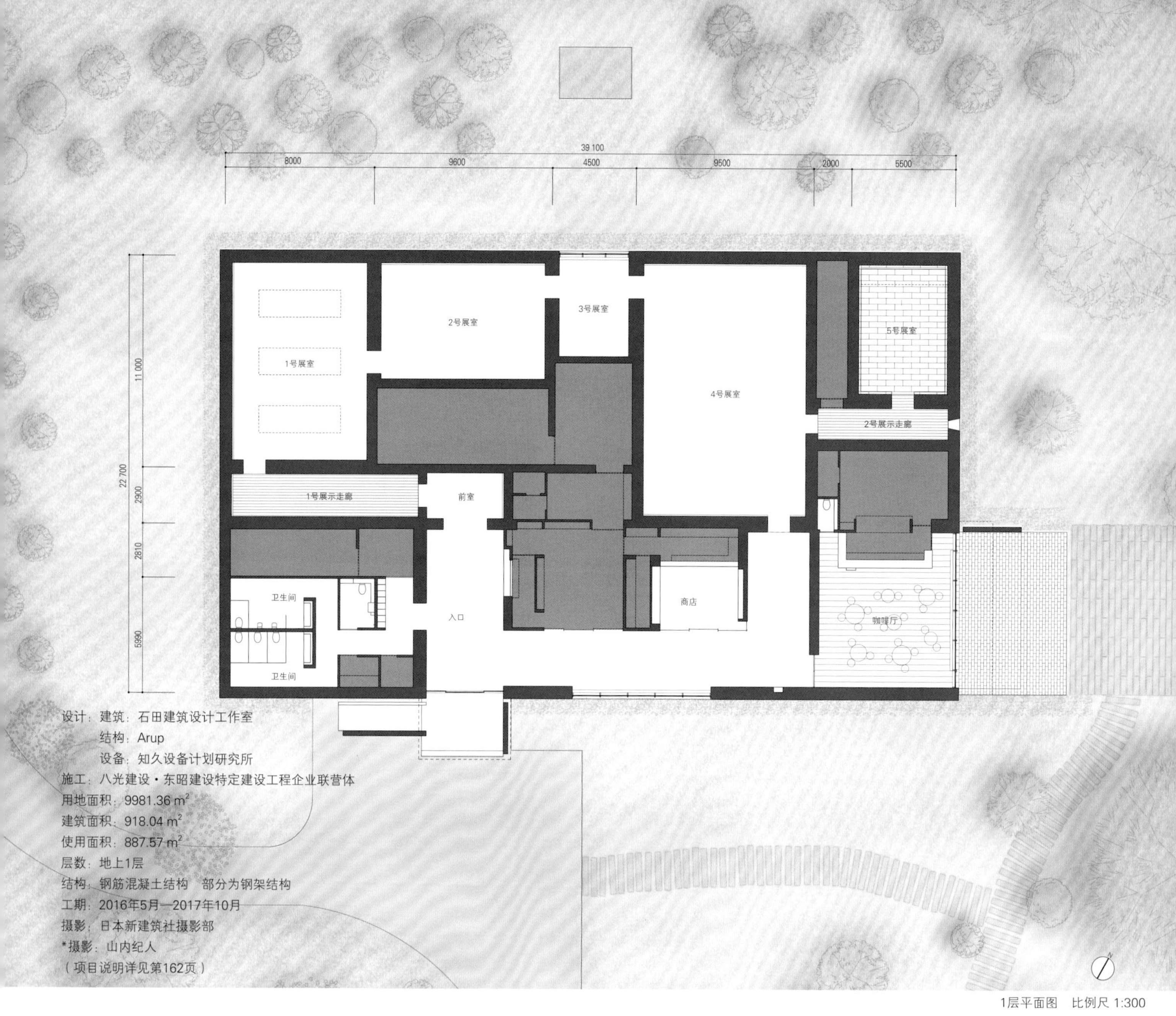

设计：建筑：石田建筑设计工作室
结构：Arup
设备：知久设备计划研究所
施工：八光建设・东昭建设特定建设工程企业联营体
用地面积：9981.36 m²
建筑面积：918.04 m²
使用面积：887.57 m²
层数：地上1层
结构：钢筋混凝土结构　部分为钢架结构
工期：2016年5月—2017年10月
摄影：日本新建筑社摄影部
*摄影：山内纪人
（项目说明详见第162页）

1层平面图　比例尺 1:300

上：从东南侧露台看向咖啡厅。露台的地面使用黑砖
下：西北侧外观

1层平面图　比例尺 1:2500

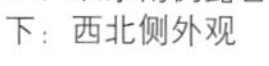

面向自然，面向艺术

在那须山峦山脚下的黑矶森林中建设小型个人美术馆。用地位于扁柏、杉树等树木混杂的森林中，这里生长着一望无际、葱郁繁茂的野草。作为森林中的美术馆，以“与外部世界隔离，创造新的风景”为理念，展开策划。并不是像建造公园那样去建造美术馆，而是构建像Insel Honbroich美术馆那样能够让人忘记时间流逝的艺术空间。

在该环境中直面现代美术时，重要的是打造实现容许多样展示和能够感受到外部风景的美术空间。当初为了呼应建筑物周围的自然，探讨了策划方法，在用地的中心设置单位空间，改变每个单位空间的大小、比例和收集自然光的方法，策划出五个展室，不仅提高了展示的自由度，而且还可以在连续空间中体会不一样的空间氛围。有无影灯一样扩散自然光，拥有明亮天窗的展室；有不引入自然光只用高显色灯光照明的展室；有拥有落地窗，能够看到森林深处风景的小型展室；有顶棚高度为7.4 m的大型展室，四面被复层玻璃的高侧光包围，像是置身于室外一样；最后，还有被叫作“圣堂”的展室，作为之前展室低光照度稳定性的对比空间，只有正面展示壁的上部设置了天窗。所有展室的架构不仅具有像卡尔・弗里德里希・申克尔设计的那种古典连续结构，还积极地追求艺术鉴赏体验的变化。

外墙壁使用的是芦野石，这种石头开采于距用地处20 km的地方，用切断机进行加工，断面纹理层层叠加建成墙壁，这些天然材料使用于建筑各处，该建筑物作为自然风景的一部分，与其形成了亲密的关系。前来参观的人们由芦野石的白色墙壁引领至森林深处，缓缓显现的明亮景观是通往美术馆的道路。用地保留了野生的山樱等树木，规划的通路与建筑物相结合后再次布局，一年四季风景的色彩不曾间断。在随着时间流逝不断发生变化的自然环境中，由衷地希望这里能够作为充分鉴赏现代美术的场所不断发展。

（石田建太朗/石田建筑设计工作室）

（翻译：迟旭）

上：从3号展室看向庭园中的雕刻作品。在去往被墙壁围起的展室前先映入眼帘的，是一个能够感受到外部自然气息的展室，作为进入4号展室之前的前室使用/左下：1号展示走廊前室视角/右下：5号展室（圣堂）照片正面的墙壁上部设置顶灯进行采光，装饰使用大谷石和灰浆等自然材料

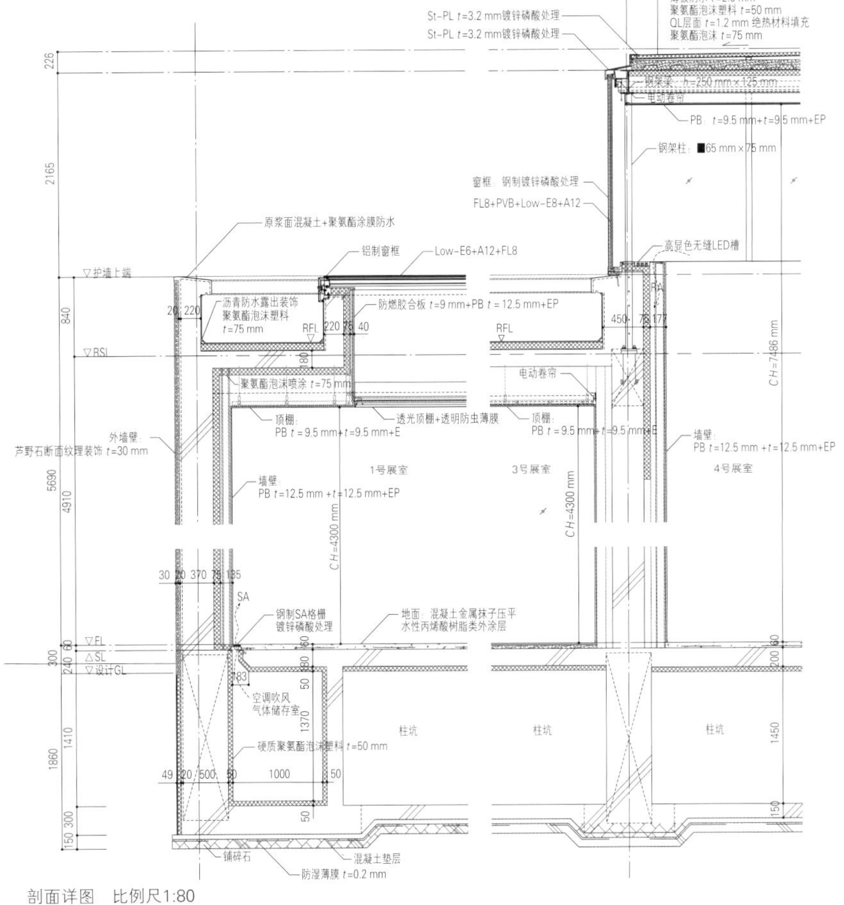

剖面详图 比例尺1:80

初期研究策划草图

丸之内二重桥大厦

设计 三菱地所设计
日建设计Construction Management（东京会馆专属部）
施工 大成建设
所在地 东京都千代田区

MARUNOUCHI NIJUBASHI BUILDING
architects: MITSUBISHI JISHO SEKKEI
NIKKEN SEKKEI CONSTRUCTION MANAG

皇居一侧视角。左边是日本重要文化遗产——明治生命馆（1934年竣工/设计：冈田信一郎）以及明治安田生命馆。中央是通往丸之内区域中心的马场前大道

此次将东京会馆大厦（1971年竣工）、东京商工会议所大厦（1960年竣工）和富士大厦（1962年竣工）进行整体重建，三座建筑物均位于皇居对面。三座独立大楼的功能将在同一区域内展现，形成复合型建筑。大楼内有多个出入口，联系外界四通八达的道路。右边是东京会馆和谷口吉郎设计的帝国剧场

面对丸之内第四大道的东京会馆入口。参考第一代东京会馆主馆的屋檐设计

丸之内仲通大道一侧视角。1、2层是商店，3、4层是器械室，在降低水患灾害的同时提高大楼综合管理能力

设计：三菱地所设计

日建设计：Construction Management（东京会馆专属部）

施工：建筑：大成建设

空调：高砂热学工业

卫生：西原卫生工业所　齐久工业（东京会馆专属部）

电力：电工

用地面积：9935.02 m^2

建筑面积：8355.06 m^2

使用面积：174 054.18 m^2

层数：地下4层　地上30层　阁楼2层

结构：地上：钢铁构架（柱子：混凝土填充钢筋结构）

地下：钢筋混凝土结构

工期：2015年11月—2018年10月

摄影：日本新建筑社摄影部（特别标注除外）

（项目说明详见第164页）

西南方向视角。充分考虑周围的景观，保留低层房檐，高层部分向丸之内方向缩进，在8层设置露台

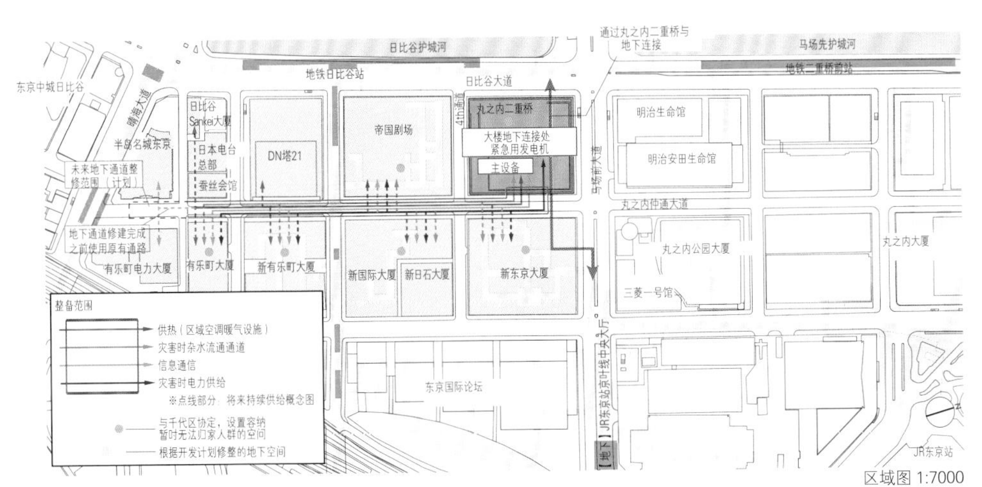

区域图 1:7000

重新修建前的原大楼一景，皇居一侧视角。右边是东京会馆，左边是东京商工会议所。两栋大楼的后面是富士大楼

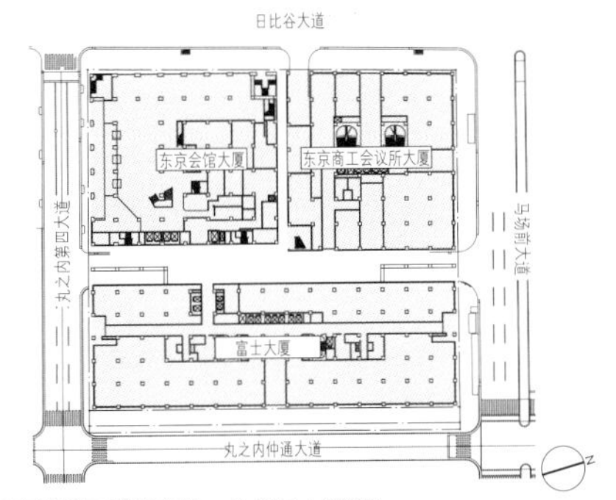

重建前的区域平面图　比例尺 1:3000

从大楼主体到区域整体的防灾企划

这里作为日本的商业中心，具有完善的BCP（业务持续性计划）功能，使整个建筑更加人性化、应急措施更加完备。比如，在建筑物内为暂时无法归家的人修建临时休憩所，为避免大水灾害在地上楼层设置重要电机房、安装充足的停电临时用发电机设备等。与该企划并行的还有修建丸之内仲通大道的地下通道（SUPER TUBE），目前该工程还尚未完工（预计2020年末完工）。保障本地区内的热、电（紧急情况）供应的同时，将来还会重新整备生活用水通道、通信线路等。不仅仅停留在单个建筑物的开发建设上，在系统整理建筑内部环境、整备周边环境等方面也会不遗余力。希望该地能提升整个地区防灾和环境质量水平，成为防灾据点。

（宫地弘毅+鬼泽仁志+村松保洋+仲田圭佑/三菱地所设计）

发挥地理优势的建筑群

大丸有（大手町、丸之内、有乐町）地区是日本著名的商业街，位于皇居（马场前门）正面，具有地理优势。本项目为富士大厦（1962年竣工/三菱地所）、东京商工会议所大厦（1960年竣工/东京商工会议所）和东京会馆大厦（1971年竣工/东京会馆）三栋历史悠久的建筑的重建。充分利用该地的地理优势和便利性，通过设计力求将各自建筑最具特点的功能发挥出来。还将皇居外苑对面的日比谷大道、丸之内仲通大道、马场前大道等都考虑到设计当中，力求设计出更加符合当地生活、文化的人性化公共基础设施。

大厦的高层位置是租赁办公室，低层是丸之内仲通大道的商业店铺还有东京会馆的14个宴会厅（其中一个是该地最大的，可同时容纳2000人）。东京商工会议所还有可用于国际会议使用的大会议室。DMO东京丸之内、日本外国特派员协会（FCCJ）等不仅仅有商业用途，还是一个拥有多种功能的复合型场所。DMO东京丸之内促进国内外MICE（MICE是Meeting、Incentive、Conference / Convention、Exhibition的首字母缩写，是拥有大型聚集顾客效果的商业活动的总称）的发展。日本外国特派员协会（FCCJ）是海外媒体信息传播的据点。

外观和皇居对面的景观风格一致，低层部建筑物主立面用厚重坚固的石头雕饰而成，高层用高性能的Low-e玻璃以及预制混凝土板还有水平鳍状板构建而成。

构筑东京站到都营三田线、东京METORO千代田线之间的无障碍地下步行街网络。连续设置商业店铺，为消费者创造方便快捷的步行空间。办公楼的办公人员在上下班也可以走这个通道。丸之内二重桥大厦既是一个拥有多种功能的商业区域，也是和周边区域和谐地融为一体的高附加值建筑。

（宫地弘毅+鬼泽仁志+村松保洋+仲田圭佑/三菱地所设计）

（翻译：程雪）

5层，日本外国特派员协会（FCCJ），位于马场前大道对面。有可供宴会使用的露台。后面是三菱1号馆、丸之内公园大厦

7层东京会馆宴会场（樺球，SAKURA）。可以眺望北侧、西侧

6层，日本外国特派员协会，通过海外媒体将日本的信息向世界传达出去。窗外是明治生命馆

6层，DMO东京丸之内。通过这里的MICE设施向国内外传播信息

5层，东京商工会议所大会议室（东商grand hall）。座椅可以移动，可同时容纳500人

马场前大道对面的1层办公入口。里面的电梯大厅和东京商工会议所入口连接

位于西北侧方位，连接日比谷大道和马场前大道的东京商工会议所入口。

3层，东京会馆大宴会厅。可同时容纳2000人

面向丸之内第四大道，2层的东京会馆入口大厅

1层东京商工会议所入口主阶梯处。黄铜制的扶手将设计师的智慧淋漓尽致地展现出来

东京会馆1层入口大厅。拱形顶棚，把东京会馆主馆的特色表现得淋漓尽致

东京会馆一直保留的设计——枝形吊灯。将灯的零件分解清洁，安装在楼顶上方

东京会馆1层入口大厅。里面是丸之内大道。在第二代东京会馆大厅展示猪熊弦一郎（1902年-1993年）的马赛克瓷砖壁画“都市·窗户”，保留在本建筑中。天花板上的金环照明也是当时猪熊先生设计的

四张图片提供：大成建设、NKB

马赛克瓷砖壁画的移动过程。①第二代东京会馆大厅中设置的壁画（解体时）。②制作切割图，以单位面积为基础将背面的瓷砖剥落下来。③将灰浆面、黏着剂除去。④固定在壁板上，重新安装设计在入口大厅

剖面图 比例尺 1:1500

继承与发展中的复合建筑

东京会馆建于1922年，设计者希望这里成为让所有人都能自由使用的社交场所，打造一座世界级建筑。带着这样一种愿望，本着继承和发展的宗旨打造了现在的复合型建筑。文艺复兴建筑风格的主馆到如今已经有100多年的历史。对于谷口吉郎参与设计的第二代主馆，人们还记忆犹新。多年给予人们周到服务的东京会馆在2012年和其他两座建筑一同经历发展和革新。

在重建的同时，为了保留大家对上一代建筑的回忆，东京会馆做出了一个继承与发展的企划。首先映入眼帘的是丸之内第四大道，外墙壁有20块浮雕总长约72 m，房檐以第一代主馆为灵感设计成拱形装饰梁。新建专用车棚又大又长，可以同时容纳数量较大的来访者，挑空的入口大厅将内外联系起来。保留第一代主馆的枝形吊灯，对第二代主馆的由猪熊弦一郎先生设计的马赛克瓷砖壁画进行修复，并将其完整地保留下来。时代的长河在不断向前流动，人们的需求也在不断变化，保留传统的目的是希望人们能感受到曾经的记忆和我们细致的服务。

（岩阪聡一郎 堺田健二/日建设计 Construction Management）

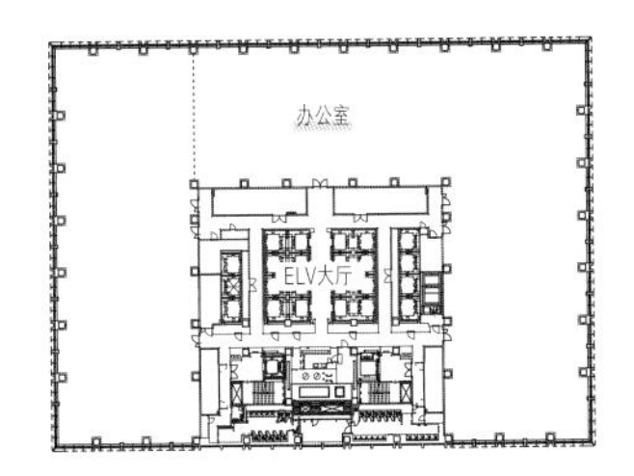

高层标准层（办公室）平面图

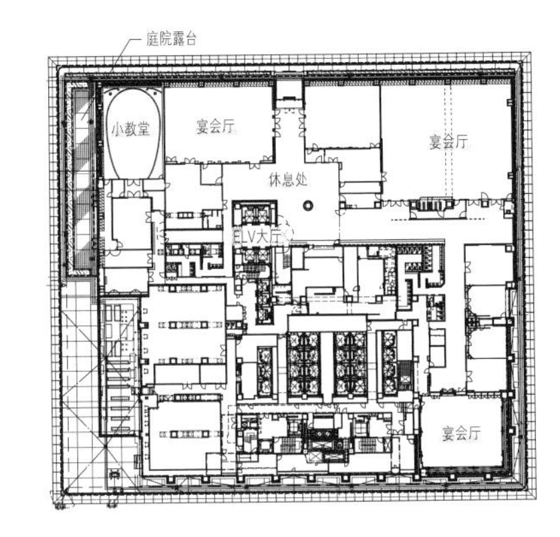

7层（东京会馆）平面图

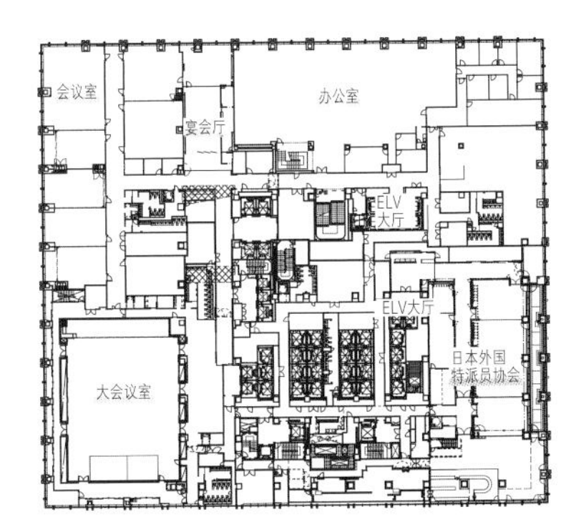

5层（东京商工会议所，日本外国特派员协会）平面图

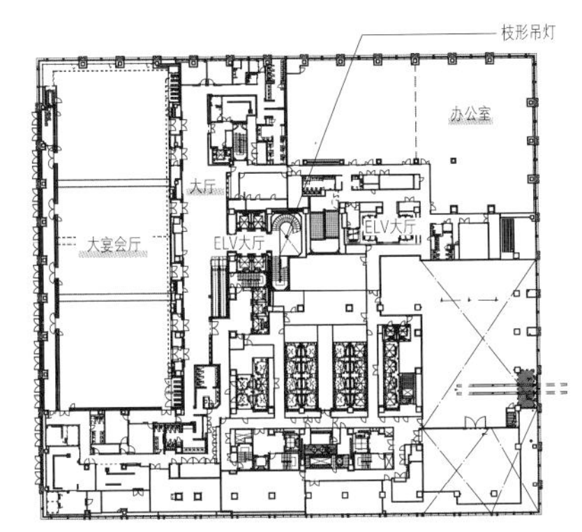

3层（东京会馆）平面图

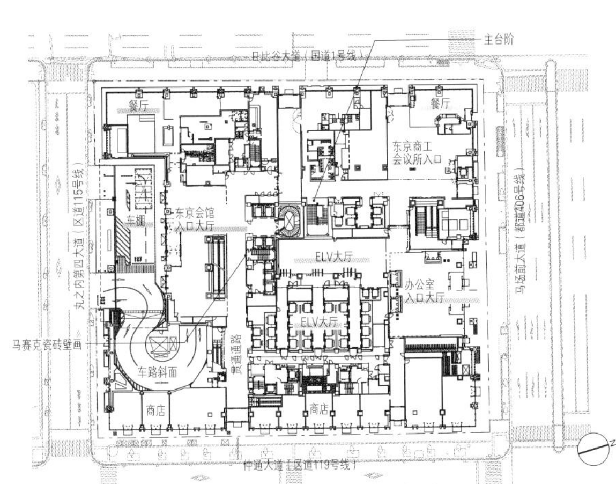

1层（各入口、商店等）平面图　比例尺 1:3000

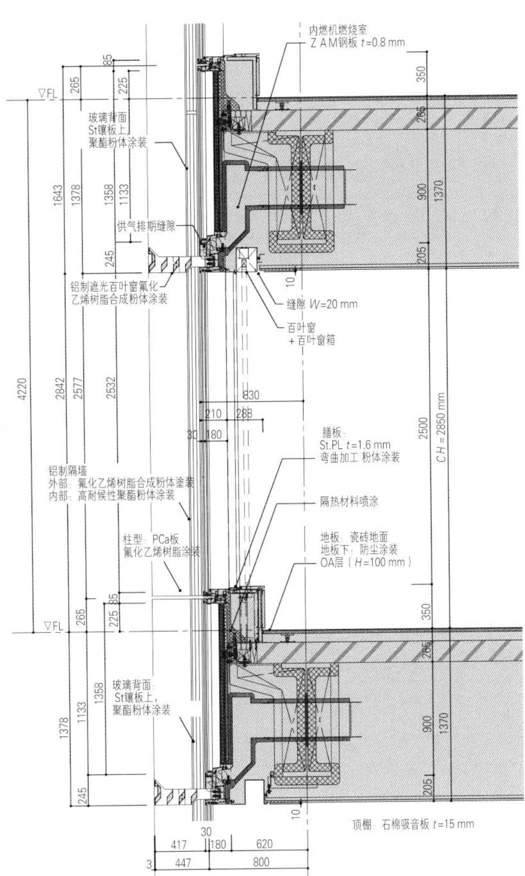
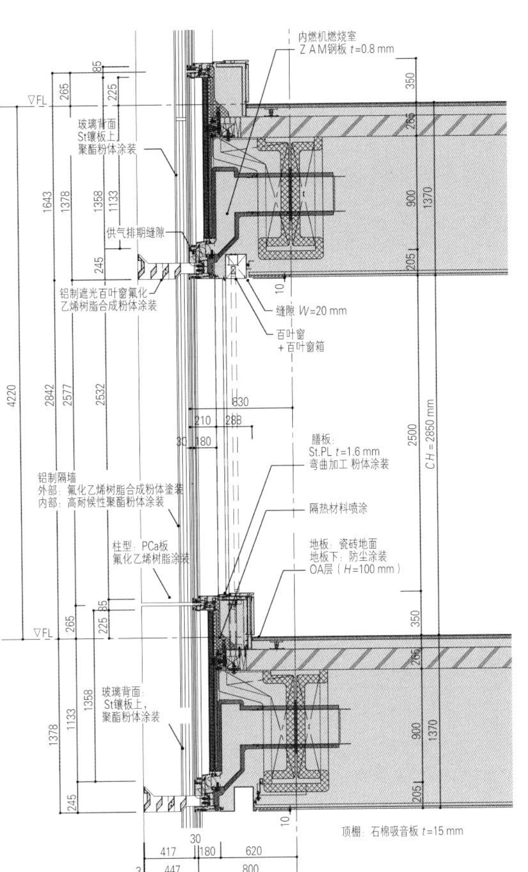

大厦高层剖面详图　比例尺 1:120

上：西北侧外观。低层和高层过度处的设计。
下：办公层。使用高性能Low-e玻璃，在保护环境的同时呈现出简单的外观设计

21层，办公室。丸之内区域的三个办公大厦中均设置带有服务功能的小型办公室

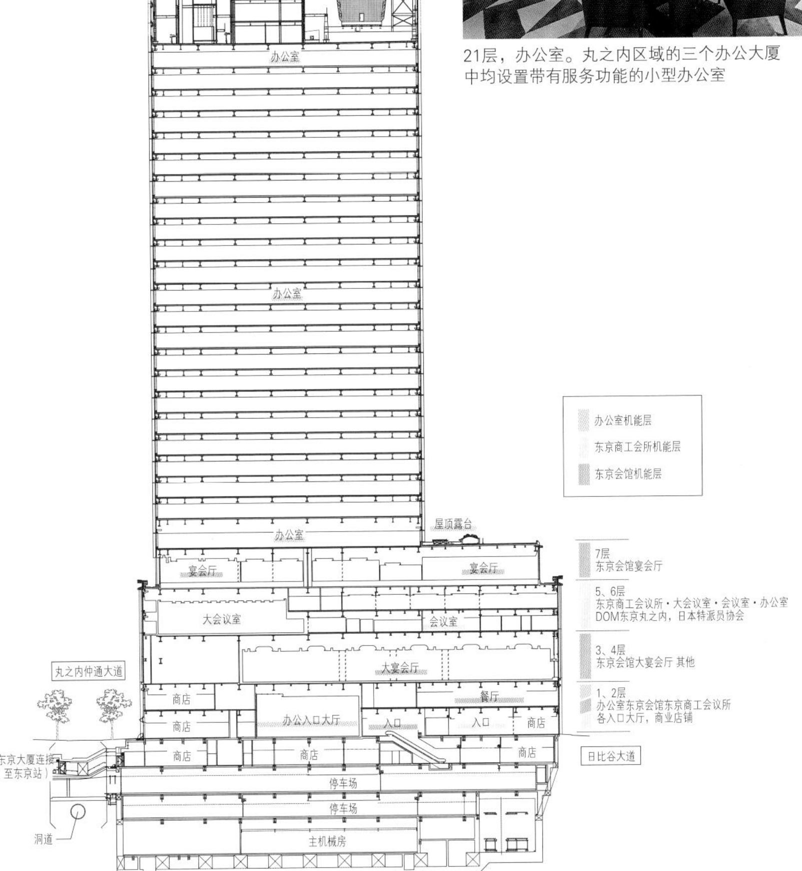

剖面图　比例尺 1:3 000

京都四条 南座

设计施工　大林组

所在地　京都府京都市东山区

KYOTO SHIJYOU MINAMIZA

architects: OBAYASHI CORPORATION

北侧正面外观。该项目建于1929年，1991年进行改建。此次进行抗震整修并为建设新型娱乐活动场所进行设备整修。因是日本登记在册的有形文化遗产，设计师及施工方在不破坏外观的情况下增设抗震墙壁、钢铁柱，对天花板进行加固。招牌看板是2018年12月“吉例颜见世兴行”（年末歌舞伎演出活动）时的物品

北侧正面玄关傍晚景象。本次对高约2 m的大灯笼进行重新调整。照明由石井RIISA明理氏设计，给屋顶、白色墙壁等打上白色的灯光

建在祇园四条，鸭川在西侧流过。为增强抗震性能，将屋顶整体重量减轻，更换屋顶瓦片。外观整体上不改变原来的设计，在原有基础上重新涂装。1层的花岗岩外壁是整修之后的。招牌看板是2018年12月“吉例颜见世兴行”时的物品

南座的继承和发展

经营综合娱乐性产业的松竹公司，对京都四条南座进行了抗震整修工作。在京都四条的南座，出云阿国表演过歌舞伎舞蹈。在元和年间（1615年—1623年）这里是被官方允许的唯一一个继承历史和传统的戏园子。从江户时代开始至今四百多年以来，传统歌舞伎一直在这里上演，可以说这里是日本当之无愧的最古老的剧场。

现在我们看到的建筑物建于昭和四年（1929年），充分利用当时技术的精粹建造而成。桃山风格破风（日本古代建筑形式）气势辉煌，上面设有“橹”，“橹”是日本古代官方建筑特征（日本在战国时代以后修建了大量城堡，城堡上的木建筑大多都叫“橹”，字面意思是“存放箭矢的仓库”）。这里是拥有京都历史景观的著名建筑，也是日本登记在册的有形文化遗产，同时被京都指定为具有京都历史设计的建筑物。

大林组将1991年没完成的建筑工作继续进行下去，对外壁和内部装潢进行大规模整修。本次重点对抗震性能和剧场内设备进行调整，增强建筑物的强度。历史长河中走来的“桃山风格外观”（日本桃山时代风格）以及传统的内装风格，让观众们可以在传统、优雅的舞台氛围中欣赏表演。

此次特别在建筑物的抗震性能方面下了不少功夫，在内部剧场空间增加了不少设计，使之更加抗腐、抗震。观众席焕然一新，将1层的座席去掉让观众席的地面和舞台之间没有高低差，这样的设计还是第一次。在演出时，本来只能在花道上方的高空进行杂技表演，这样一来也可以在观众席的侧面进行表演。从“传统古典艺术”到“新的直播综艺”，这个舞台上演了无数的可能。传播日本传统文化，南座在不断地发展与改变。

（稻叶一秀/大林组）

（翻译：程雪）

设计施工：大林组
用地面积：1952.6 m^2
建筑面积：1797.3 m^2
使用面积：6429.5 m^2
层数：地下1层　地上4层
结构：钢筋混凝土结构
工期：2016年11月—2018年9月
摄影：新建筑社摄影部（特别标注除外）
（项目说明详见第165页）

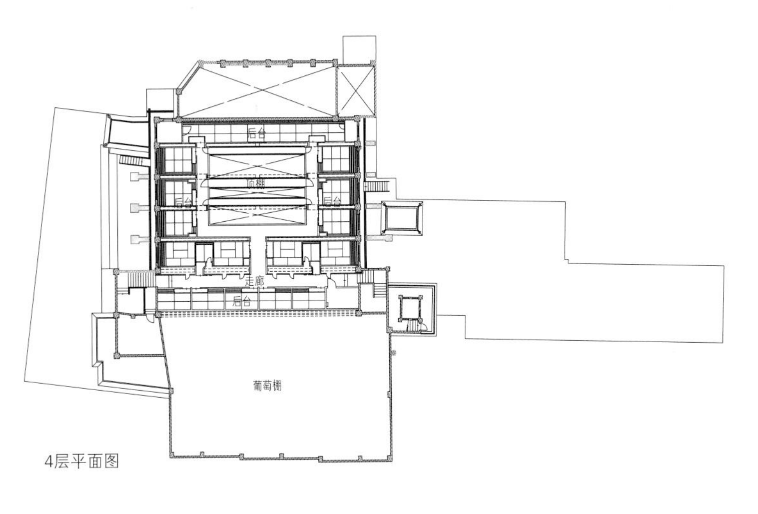

4层平面图

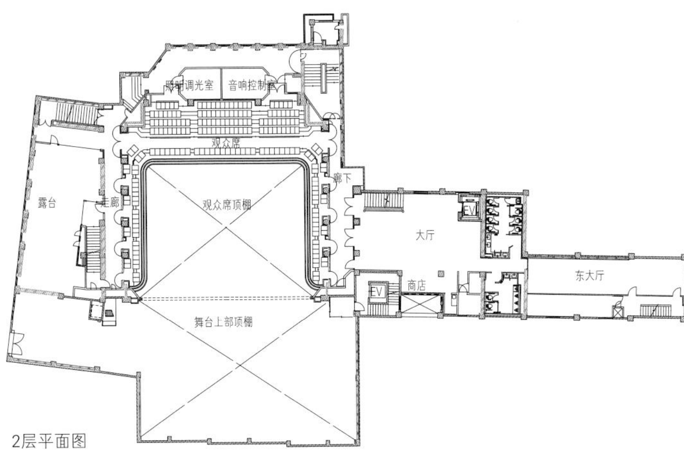

2层平面图

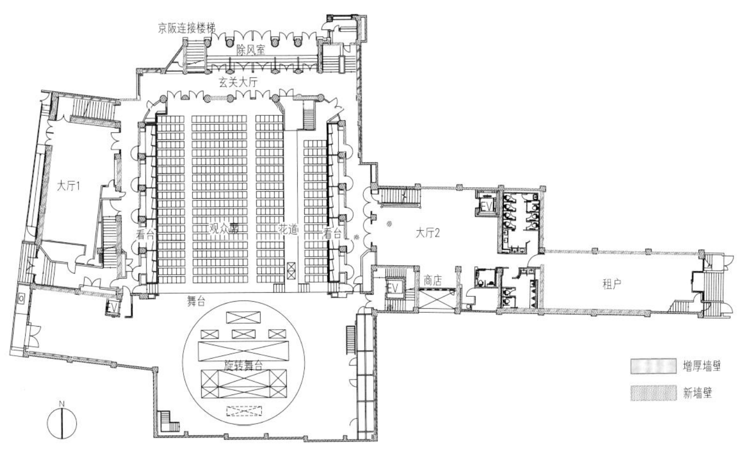

1层平面图　比例尺1:800

区域图　比例尺 1:5000

1层正面玄关门厅，保留艺术装饰风格（20世纪初到20世纪30年代流行于法国的工艺美术样式。简单、线条形的设计是其特征）的枝形吊灯，安装LED灯之后再度被用于建筑的照明。地毯在保留原有设计基础之上进行了微调

西侧的墙壁重新进行涂装。右侧设立阿国歌舞伎发祥地的石碑。开口部玻璃面的白色部分是抗震墙壁的新建部分

观众席设置1088个座位（看台60个座位）。看台以及观众席背面的墙壁是新增的抗震墙。为了让观众在观看表演时更加舒适，对座席也进行了调整。打破座席与舞台分离的传统模式，将舞台与座席放置在一个平面当中让观众有身临其境的参与感。舞台上方的唐破风（抱厦），是1929年竣工当年留下的。“赤地草花连纹”的舞台幕布设计具有京都风格，同样也是老物件重新使用。施工时撤去方格形天花板，对其中一部分进行重新设计并进行加固，防止从顶部掉落

左上：2层东大厅。为实现无障碍化，新增客用电梯（照片左侧）。为恢复原貌，特别订制1、2层地毯，上面的花纹以兰花为创作原型/左下：1层西大厅。照片右方是新修的抗震墙壁/右：1层玄关大厅和楼梯。楼梯扶手和装饰保留原样

结构企划

为了保持建筑整体外观，本次只在建筑内部进行抗震性能的加强，对抗震墙进行加固。建筑物中央的观众席上方由于有挑空，因此将抗震墙分散于建筑物的其他角落。为了加强增设的抗震墙和已有结构之间连接部分的稳定性，大林组用特殊接合工艺，大大提升墙壁的抗震程度。另外，为了有效防止铁制材料的腐蚀，在其表面涂抹特殊的保护性材料，增强建筑物整体寿命。对支撑整个房顶的钢筋钢架，用立体解析模型的方法进行解析，为达到要求的抗震程度，加固连接部分，增大零件横剖面，增设屋顶拉杆等。在施工现场取得点群数据，利用从点群数据中抽出的BIM模型制作图形。

（嶋崎敦志＋田中荣次／大林组）

设备企划

在进行整体抗震工作的同时，为了观众席空间的舒适性以及让舞台演出有更好的效果，对主要设备和舞台设备同时进行修缮。观众席位置的空调使用可变风量的空调系统，使观众能够有更加舒适的体验。另外，为了增强建筑物整体的无障碍化，让残障人士也能像普通人一样体验行动的自由，新增电梯，还特别设计多功能卫生间，实现安全安心舒适的剧场空间。为了提升舞台的功能性，将南座独有的特殊照明光源都改成LED灯，添加调光控制设备，增设变电设备让舞台灯光更加绚丽。舞台上还有为表演者设置的置换空调出风口，加固舞台顶棚的悬挂物。舞台和剧场空间整体的氛围以及设备能够使得演出形式更加自由多变。华灯初上，南座在夜色中熠熠生辉。石井RIISA明理设计师的外围灯光设计，让桃山风格的建筑设计展现出南座的庄严华丽。

（森井规夫+吉田裕纪/大林组）

施工企划

南座位于四条大桥东边尽头，是京都旅游的中心区域。离近祇园的地方游客增多，四条大路一侧的主要施工用出入口附近是一个公共汽车站，一天当中都很拥挤。京都街道上的住家，一户挨着一户，这也是京都街景一大特色，因而在施工方面需要特别注意噪音、震动、扬尘、气味等。之前与政府、商业街、居民之间的协议中在施工方面上多有限制，最初主要的施工时间段放在晚上。随着工程项目的不断推进，得到了附近居民和官方的认同和理解，白天作业也在同时进行。南座是京都的一个地标性建筑，大家都在期待其重修开放。建筑物周围没有空地，内部也没有废料堆场。屋顶上放置悬臂起重机，通向观众席大厅用货梯，其他各处安装电缆吊车。另外，为应对种种施工限制分区域和时间段进行施工。

（吉本照男/大林组）

图片提供：大林组

用大型屋顶的点群数据，制作的钢架结构三角桁架。详细商讨配置，参照BIM模型制作钢架结构零部件

四张图片提供：大林组

左：重建前的钢筋三角桁架用3D扫描后得出的点群数据/右：用4500个钢铁零部件加固桁架

上：重修前的观众席周围整体结构。支撑柱之间使用水泥混凝土隔断/下：拆除水泥混凝土制作的隔断，新增钢筋混凝土墙壁。IS值变为0.6以上

东西剖面图 比例尺1:250

左上：1层玄关大厅顶棚。用3D扫描机收集顶棚零部件和虹梁花纹数据。2层混凝土地面用钢筋加固并将其恢复原样/左下：在枝形吊灯里安装LED灯，重新修缮后安装。同时更换周围的空调出风口/右：大房顶的破风式金属装饰物，在原样基础上贴上金箔后重新安装

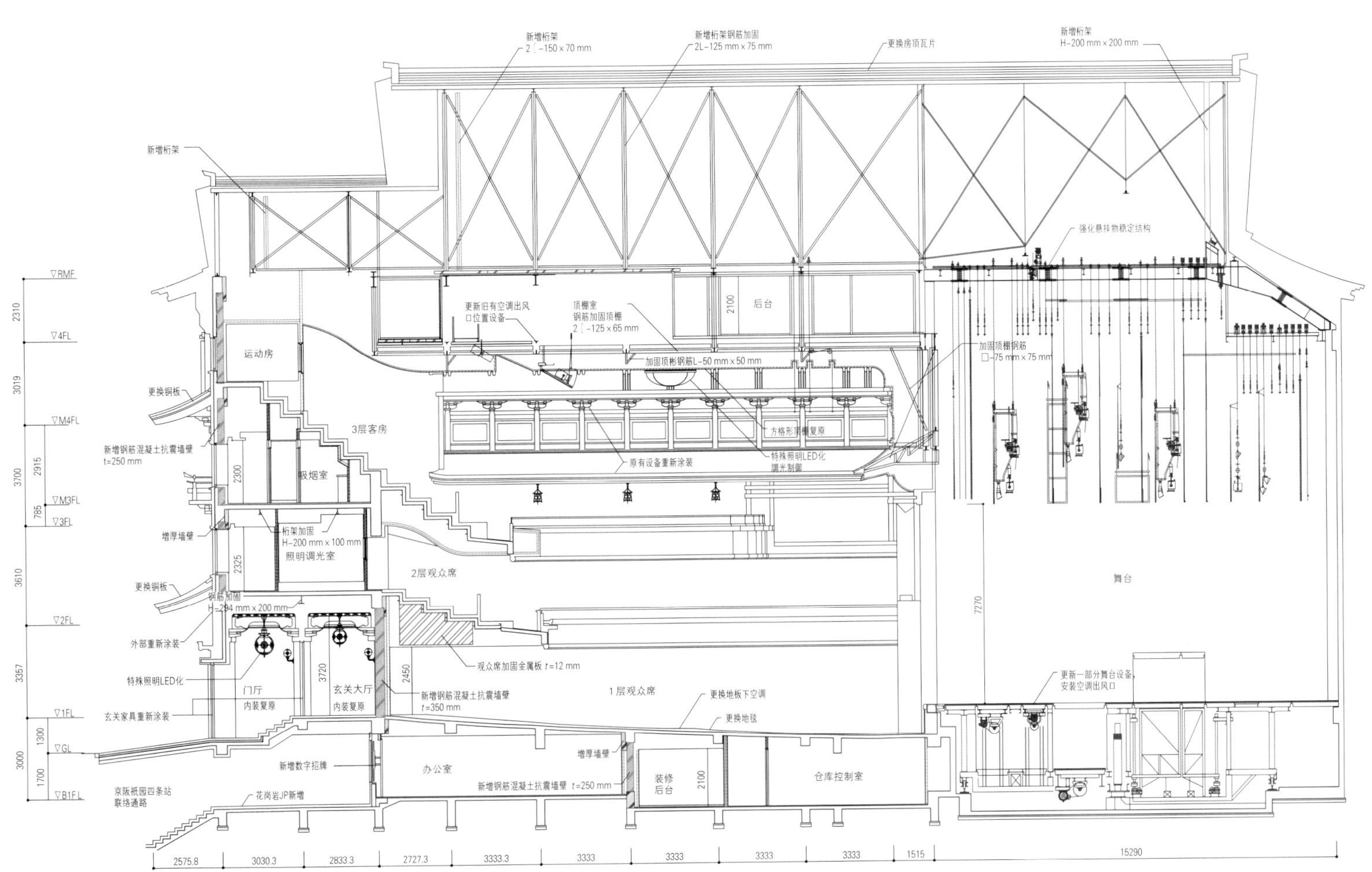

南北剖面图 比例尺 1:250

延冈站周边改造项目 （项目详见第4页）

●向导图请登录新建筑在线
http://bit.ly/sk1901_map

所在地：宫崎县延冈市幸町3-4266-5
主要用途：车站　市民活动空间　图书阅览　书籍贩卖　咖啡厅
所有人：延冈市　CCC

■延冈市站前综合设施（encross）

设计
建筑：千久美子建筑设计事务所
负责人：千久美子　山根俊辅　蓝泽和孝　绵引洋*　村国健*（*原职员）
结构：KAP
负责人：冈村仁　江田拓哉 *
设备：森村设计
负责人：关口正浩　细川雅之
照明：SIRIUS LIGHTING OFFICE
负责人：户恒浩人　野泽润一郎 *
卫生间：贡多拉设计事务所
负责人：小林纯子
社区设计：studio-L
负责人：山崎亮　醍醐孝典　林彩华　村冈诗织 *
监理：延冈设计联营体・千久美子建筑设计事务所　延冈市站前综合设施建设工程监理业务特定监理联营体
千久美子建筑设计事务所
负责人：千久美子　山根俊辅　佐保纱音子
延冈设计联合协同组合
负责人：松下宏　森迫麻纪子　远藤启美　菊池富男　江口浩　马﨑康辅　中村宏

施工
建筑：上田・儿玉・朋幸・久米特定建设工程企业联营体
负责人：林田伸一　山泽征弘　儿玉邦彦　石元诚幸　甲斐直人
空调：兴洋・小田设备特定建设工程企业联营体
负责人：绪方良幸　大杉和也
卫生：MINAMI设备　负责人：甲斐高次
电气：岸田・PASIC・川原特定建设工程企业联营体
负责人：儿浪英之　川井俊械　川原英和

规模
用地面积：8878.69 m²
建筑面积：1695.11 m²
使用面积：1659.54 m²
地下1层：163.52 m²
1层：581.27 m²/2层：914.75 m²
建蔽率：30.10%（容许值：80%）
容积率：33.76%（容许值：300%）
层数：地下1层　地上2层

尺寸
最高高度：9070 mm
房檐高度：7850 mm
层高：2层：3000 mm
顶棚高度：1层：2600 mm　2层：4365 mm
主要跨度：5900 mm × 4500 mm

用地条件
地域地区：商业地域　临近商业地域　城市规划区域 市街化区域　延冈市景观地域　标准防火地域　日本《建筑基准法》第22条指定地域
道路宽度：西35 m　北28 m
停车辆数：179辆（延冈站北停车场70辆、延冈站西停车场76辆、延冈站东停车场15辆、迎送用机动车整理场18辆）

结构
主体结构：预制混凝土结构　部分钢筋结构
桩・基础：桩基础

设备
空调设备
空调方式：风冷热泵空调系统
热源：电气
卫生设备
供水：自来水管直接供水方式
热水：局部供热
排水：分流方式
电气设备
受电方式：高压受电方式
设备容量：700 kVA
额定电力：700 kVA
防灾设备
灭火：灭火器
排烟：自然排烟
升降机：乘用电梯（限乘11人）× 1台

工期
规划期间（基本计划）：2011年3月—2013年3月
设计期间：2013年3月—2016年3月
施工期间：2016年11月—2018年3月

工程费用
建筑：1 167 696 000日元
空调：83 471 000日元
卫生：22 386 000日元
电气：268 366 000日元
总工程费用：1 541 928 000日元

外部装饰
屋顶：田岛ROOFIN
外壁：MAXKENZO
外部结构：太平洋预制混凝土工业

内部装饰
地板：太平洋预制混凝土工业
天花板：Spancrete
地板：Advan

主要使用器械
卫生器械：TOTO
空调：三菱电机
照明：Yamagiwa　DAIKO

利用向导
开馆时间：8:00～21:00（仅等候空间5:00开馆）
闭馆时间：年中无休
电话：0982-20-3900

■延冈市东西自由大道・跨线桥・大厅顶棚

设计
建筑　JR九州CONSULTANTS　千久美子建筑设计事务所
施工
建筑：九铁工业
电气：九州电气系统

■JR延冈站内建筑

设计
建筑：JR九州CONSULTANS
设计监理：千久美子建筑设计事务所
施工
建筑：九铁工业

■东侧庇护所

设计
建筑：延冈设计联合协同组合
设计监理：千久美子建筑设计事务所
施工
建筑・电气：麻生・高须组

■东侧广场

设计
概略设计：Pacific Consultants
详细设计：八千代Engineering
设计监理：千久美子建筑设计事务所
施工
土木：可爱工业
电气：木下电气水道设备

■延冈站南自行车停放处

设计
建筑：延冈设计联合协同组合
设计监理：千久美子建筑设计事务所
施工
建筑・电气：Advance KAWABE
土木：吉本建设

■延冈站北自行车停放处

设计
建筑：延冈设计联合协同组合
设计监理：千久美子建筑设计事务所
施工
建筑・电气：麻生・高须组

■西侧广场（1期）

设计
概略设计：Pacific Consultants
详细设计：八千代Engineering
设计监理：千久美子建筑设计事务所
施工
土木：日新兴业
木村产业
南风建设

■延冈站西停车场

设计
建筑：延冈市
照明：东九州CONSULTANS
设计监理：千久美子建筑设计事务所
施工
土木：日德产业

■西侧广场（2期）

设计
概略设计：Pacific Consultants
详细设计：八千代Engineering
设计监理：千久美子建筑设计事务所
施工
土木：县北产业
东荣建设
丰松建设
电气：吉村电业

■延冈市站前卫生间

设计
建筑：延冈设计联合协同组合・贡多拉设计事务所
设计监理：千久美子建筑设计事务所
施工
建筑：儿玉建设
电气：KASHIYAMA

保护涂料
带砂油毡铺顶
隔热板
钢制底层
配力钢筋 补强钢筋
主筋
配饰
5.就地浇筑
4.楼板配饰
100
150
3.带孔PC地板（合成地板）
2.铸模
1.梁配钢筋
灯光带=55
主筋方向
施工顺序
1.梁配钢筋
2.铸模
3.放置PC板
4.楼板配饰
5.就地浇筑
500

带孔PC地板、钢筋混凝土、屋顶楼板的组合　比例尺1:20

图片提供　千久美子建筑设计事务所

站街项目事务所外观

阿迦汗中心（项目详见第18页）

排水：南和

■宫崎交通延冈分店

设计

建筑：猪股浩介建筑设计

设计监理：干久美子建筑设计事务所

施工

建筑：不二建设

■西侧庇护所

设计

建筑：延冈设计联合协同组合

设计监理：干久美子建筑设计事务所

施工

建筑・电气：松荣工业

■延冈站警察值班岗亭

设计

建筑：延冈设计联合协同组合

设计监理：干久美子建筑设计事务所

施工

建筑：富山住设

干久美子（INUI・KUMIKO）

1969年出生于大阪府/1992年毕业于东京艺术大学美术学部建筑科/1996年修完耶鲁大学研究生院建筑学部硕士课程/1996年—2000年任职于青木淳建筑计划事务所/2000年设立干久美子建筑设计事务所/2011年—2016年担任东京艺术大学美术学部建筑学科副教授/2016年至今担任横滨国立大学研究生院Y-GSA教授

●向导图请登录新建筑在线
http://bit.ly/sk1901_map

所在地：英国、伦敦 10 Handyside St, Kings Cross

主要用途：学校（大学・研究生院） 图书馆 研究设施

所有人：Aga Khan Development Network

设计

建筑：槙综合策划事务所

负责人：槙文彦　龟本Geiri
近藤良树　川崎向太　山田勇希
宫本裕也　辻启太*　桒原由起子*
留目知明*　光田武史*　藤江保高*
橘田HARU香*（*原职员）*

协作：Allies and Morrison

负责人：Jason Syrett　Elke Zinnecker
Mark Foster　David Lynch
Jovita Stakionyte　Emily-Ann Gilligan
Peter Bayley

结构：Expedition Engineering

负责人：Julia Ratcliffe　Tom Hull
Alessandro Maccioni

机械・电气设备：Arup

负责人：Andrew Sedgwick
Michael Bradbury　Kimberley Field
Arfon Davies　Alison Gallagher

景观：Nelson Byrd Woltz

（屋顶庭院）　负责人：Breck Gastinger
Alisha Savage　Madison Cox
负责人：Erik Moraillon
Omid Iravanipour

监理：槙综合策划事务所

负责人：龟本Geiri　川崎向太
桒原由起子　留目知明
Allies and Morrison
负责人：Jason Syrett　Elke Zinnecker
Mark Foster　David Lynch
Andrea McAslan

施工

建筑：BAM Construct UK

负责人：Jim McCormack
Anton van Aswegen
Catriona Cantwell　Oliver Weldon
Tom Butterworth　Emily Hoggins

规模

用地面积：1170 m^2

建筑面积：1170 m^2

使用面积：10 929.8 m^2（GEA）

使用面积：地下1层：949.4 m^2；

中地下1层：542.8m2 / 1层：898.2 m^2

2层：981.8 m^2 / 3层：959.8 m^2

4层：1 088.0 m^2 /5层：957.3 m^2

6层～9层：1 003.0 m^2 / 10层：464.1 m^2

阁楼层：76.3 m^2

层数：地下2层　地上10层

尺寸

最高高度：45 500 mm

房檐高度：43 000 mm

层高：地下1层：3000 mm（一部分6250 mm）/中地下1层：3 250 mm/ 1、3层：4500 mm/ 2、9 階：5000 mm/ 4～8层：4000 mm / 10层：3600 mm～6500 mm

顶棚高度：地下1层：2750 mm（一部分5750 mm）/中地下1层：2825 mm（一部分2750 mm）/ 1、3层：3000 mm / 2层：3500 mm / 3～9层：2750 mm / 10层：2750 mm～4800 mm

主要跨度：3000 mm × 3000 mm

用地条件

地域地区：King' s Cross Central

道路宽度：东4.5 m　南6.8 m

结构

主体结构：铁架结构　部分钢筋混凝土结构

桩・基础：板式基础

设备

环保技术

雨水再利用设备　太阳能发电板

BREEAM（Excellent）

空调设备

空调方式：中央方式　冷却梁系统　周边加热器

热源：天然气　电气

卫生设备

供水：贮水槽管道供水

热水：配热水管

排水：污水雨水分流方式

电气设备

供电方式：低压受电

设备容量：1600 kVA

防灾设备

灭火：消防喷淋设备　部分惰性气体

灭火设备（图书馆）　高压喷雾灭火器（机械室）

排烟：机械排烟（地下层、6～9层）

其他：火灾自动报警设备　紧急照明　诱导灯　紧急播报设备　监控设备

升降机：乘用电梯：限乘13人（1000 kg 2.0 m/s）×1台

人货两用电梯：限乘26人（2000 kg 2.0 m/s）×1台

紧急电梯：限乘13人（1000 kg 2.0 m/s）×1台

自行车・货物用　电梯：限乘26人（2000 kg 2.0 m/s）×1台

小型货梯：（100 kg 0.2 m/s）×1台

特殊设备：雨水再利用设备　自行车存放设备

工期

设计期间：2012年1月— 2015年12月

施工期间：2016年2月— 2018年6月

槙文彦（MAKI・FUMIHIKO）

1928年出生于东京都/1952年毕业于东京大学工学部建筑学科/1953年修完克兰布鲁克艺术学院硕士课程/1954年修完哈佛大学硕士课程/曾任华盛顿大学、哈佛大学副教授/1965年设立槙综合策划事务所/1979年—1989年担任东京大学工学部教授

龟本Geiri（Gary K. Kamemoto）

1961年出生于东京都/1984年从南加利福尼亚大学（USC）毕业后加入槙综合策划事务所/现担任该事务所董事、副所长

川崎向太（KAWASAKI・KOUTA）

1969年出生于东京都/1993年毕业于早稻田大学理工学部建筑学科/1995年修完该大学研究生院硕士课程/1996年加入槙综合策划事务所/现担任该项目主任

图片提供：日本新建筑社摄影部

从延冈站大厅看向十字路口，大厅顶棚也在此次设计之内

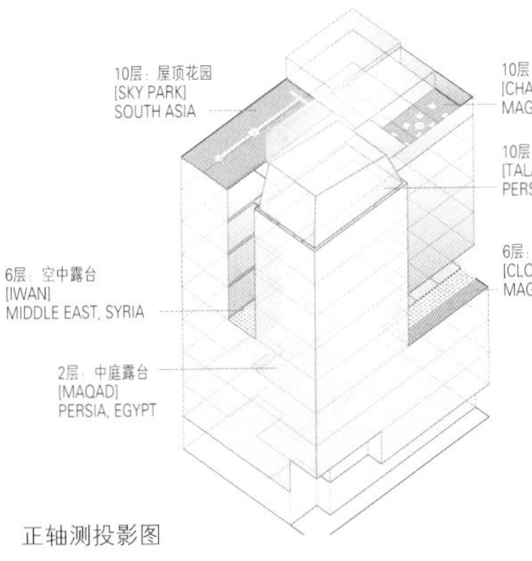

正轴测投影图

左：6层空中露台。*右上：10层会议室露台。*
右下：5层图书室露台。**

*图片提供：Edmund Sumner　**图片提供：槙宗合策划事务所

长野市第一政府大楼、长野市艺术馆

（项目详见第30页）

●向导图请登录新建筑在线
http://bit.ly/sk1901_map

所在地：长野县长野市鹤贺绿町1613
主要用途：政府大楼+剧场
所有人：长野市

设计

统筹：槇综合策划事务所
负责人：槇文彦　若月幸敏　福永知义　鹿岛大睦　德重敦史　伊藤圭　白井莱莱*　田中刚*　宫下雪绘*
（*原职员）

建筑：槇综合策划事务所・长野协同设计组合
负责人：池田修平　竹村利之　竹内邦雄　汤本桂司　春日仁一　小林正直　五岛直彦　五岛直彦

结构：梅泽建筑构造研究所
负责人：梅泽良三　上利卓也

设备：综合设备计划
负责人：千田信义　若松宏*　吉冈聪史　兵道哲

外部结构：on site计划设计事务所
负责人：三谷彻（千叶大学园艺学研究科）
铃木裕治　丹野丽子　龟山本果*

音响：永田音响设计
负责人：池田觉　稻生真　石渡智秋　和田龙一

监理：统筹：槇综合策划事务所
负责人：槇文彦　若月幸敏　德重敦史　田中刚*

建筑：槇综合策划事务所・长野协同设计组合
负责人：池田修平　竹村利之　竹内邦雄　小林正直　梨本哲

结构：梅泽建筑构造研究所
负责人：梅泽良三　上利卓也

设备：综合设备计划
负责人：千田信义　若松宏*　平田千登夫　吉冈聪史　兵道哲

外部结构：on site计划设计事务所（除前广场）
负责人：三谷彻（千叶大学园艺学研究科）　铃木裕治　丹野丽子　龟山本果*　落合洋介

音响：永田音响设计
负责人：池田觉　稻生真　石渡智秋　和田龙一

施工

建筑主体：前田・饭岛建设企业联营体（长野市艺术馆）
负责人：青山亮二　后藤正弘　中林斗志　细川浩　能田壮显　佐藤靖　野田昌洋　桥爪秀典　室冈威仁　藤井周太
北野・千广・鹿熊建设企业联营体（长野市第一政府大楼）
负责人：竹下文也　仓科和喜　小出孝治　岛崎富生　冈部祥太

空气调和设备：新菱・日本瓦斯特定建设企业联营体
负责人：鞘川秀昭　武井康广　羽藤圣人

电源电力设备：关电工・峰电舍特定建设企业联营体
负责人：泷泽健二　小池真太郎

弱电设备：三协电设・北斗电机建设企业联营体
负责人：曾根原俊明　横川健太

供水排水卫生设备：金泽・大和建设企业联营体
负责人：荻久保峰明　泷泽达也

舞台机构设备：Kayaba System Machinery
负责人：近藤文隆　远岛孝明

舞台照明设备：东芝LT Engineering
负责人：相原久幸

舞台音响设备：YAMAHA SOUND SYSTEMS
负责人：山田亮

外部结构：饭岛建设　负责人：中林斗志

SMW　守谷・北信建设企业联营体
负责人：北泽秀贵　山嵜航

规模

用地面积：13 004.47 m^2
建筑面积：5784.02 m^2
使用面积：28 498.67 m^2
地下2层：1386.24 m^2
地下1层：4896.33 m^2 / 1层：5302.46 m^2
2层：3885.56 m^2 / 3层：3190.70 m^2
4层：2394.91 m^2 / 5层：1912.50 m^2
6层：2007.51 m^2 / 7层：1964.31 m^2
8层：1460.18 m^2 / 阁楼1层：97.97 m^2
建蔽率：44.48%（容许值：80.00%）
容积率：219.15%（容许值：336.42%）
层数：地下2层　地上8层　阁楼1层

尺寸

最高高度：43,258 mm
房檐高度：36,758 mm
层高：6400 mm（地下2层）　6200 mm（地下1层）　5220 mm（1层）　4780 mm（2层）　3900 mm（3～7层）　4500 mm（8层）　5500 mm（阁楼1层）
顶棚高度：8000 mm～10 500 mm（地下2层独奏音乐厅）　4550 mm（地下1层彩排室）　3200 mm（地下1层练习室）　12 500 mm～18 500 mm（1层主厅）　3900 mm（1层市民交流空间　咖啡厅）　3600 mm（2层综合大堂）　9400 mm～10 300 mm（3层行为空间）　2800 mm（3～7层办公室）　5400～9400 mm（8层会议室）
主要跨度：7650・9900・10800 mm × 8100 mm

用地条件

地域地区：商业・邻近商业地区　防火地域
日影规制：3・5h：4 m
道路宽度：东9.0 m　西5.0 m　南5.0 m～8.0 m　北26.0 m

构造

主体结构：钢筋混凝土结构　部分铁架钢筋混凝土结构　铁架结构（抗震结构）
桩・基础：直接基础

设备

环保设备

利用BEMS计量・测量各种能量
户外空气冷气设备　夜间净化　全热交换器智能控制系统（控制户外空气吸入量最少）
地板吹风用作居住区域空调系统（市民交流空间、主厅、剧场休息室等）
温度传感器及二氧化碳传感器控制换气量
免震层利用地热降低户外气体负担（冷热管）
采用钻井方式的地中热利用设备
利用井水进行空调的预冷・预热　融雪装置　卫生间清洗装置
LED照明器具
照明控制装置
TOPRUNNER变压器

CASBEE（LEED）、PAL等数值
CASBEE S等级
PAL：268.4MJ/m^2・年（事务所）
362.2MJ/m^2・年（集会所）

空调设备

空调方式：单一管道方式（办公室、会议室、大厅等）　空冷式热泵空调机组（后台、店铺等）　风机盘管（会议室等）
热源：天然气・电气・地中热并用（天然气：1740 kW、电气：1890 kW、地热：130 kW）

卫生设备

供水：储水槽+水泵直送方式（上水储水槽：38 m^3　杂用水储水槽：100 m^3）
热水：中央供热水及局部供热水方式
排水：屋内污水、杂水排水分流　屋外合流方式

电气设备

供电方式：3相3线式6.6 kV　火线、中心线受电方式
设备容量：总计5075 kVA（主电气室2350kVA　副电气室2725 kVA）
（舞台结构用300 kVA　舞台照明用775 kVA　舞台音响用300 kVA）
额定电力：1500 kVA
预备电源：燃气涡轮发电机750 kVA（可连续运转72小时）　主燃料槽30,000 L（灯油）

防火设备

灭火：灭火器　屋内防水栓　自动喷水系统　连接送水管　惰性气体灭火器（电气室、发电机室）
排烟：机器排烟

升降机：乘用电梯：24人×2台　20人×2台　13人×2台
紧急电梯：24人×1台
货梯：承载量3000 kg×1台
自动扶梯：4台

特殊设备：舞台结构设备　舞台音响设备　舞台照明设备

工期

设计期间：2011年11月—2013年3月
施工期间：2013年8月—2015年11月（旧政府大楼解体・外部结构建设：2016年4月—2018年3月）

外部装饰

外壁：EMD理研轻金属工业株式会社　YKK AP　中央哨子

内部装饰

理研轻金属工业　KOTOBUKI

使用向导

长野市第一政府大楼
开馆时间：8：30—17：15
休馆时间：星期六　星期日　节假日　年末年初
电话：026-226-4911

长野市艺术馆
开馆时间：9：00 — 19：00
休馆时间：每周星期二　年末年初
电话：026-219-3100

三张图片提供：日本新建筑社摄影部

左上：8层食堂/左下：办公室，前为综合大堂/右：政府大楼南侧外观

槙文彦（MAKI・FUMIHIKO）

●个人简介详见第153页

若月幸敏（WAKATUKI・YUKITOSHI）

1947年出生于东京都/ 1971年毕业于东京大学工学部建筑学科/1973年修完该大学研究生院硕士课程后，就职于槙综合策划事务所/现担任该事务所副所长

徳重敦史（TOKUSHIGE・ATUSHI）

1967年出生于兵库县/1992年毕业于东京工业大学工学部建筑学科，之后任职于槙综合策划事务所/现担任该事务所主任职员

（暂定名）奈义町多世代交流广场 奈义阶地〈第一期〉（项目详见第38页）

●向导图登录新建筑在线
http://bit.ly/sk1901_map

所在地：冈山县胜田郡奈义町丰泽
主要用途：公交等候区　导游中心　商铺
所有人：奈义町
企画：NAGIGARA
　负责人：一井晓子　林和弘　熊川智子　长田干
总体设计：熊本大学景观设计研究室
　负责人：星野裕司（总体设计监督）
　增山晃太（风景工作室）

设计

建筑：Eureka
　负责人：稻垣淳哉　佐野哲史　竹味佑人　小林玲子＊　末舛優介　原章史
　（＊原职员）
结构：Eureka　负责人：永井拓生
环境：Eureka　负责人　堀英祐
设备：长谷川设备计划
　负责人：长谷川博　山下哲嗣
设计协助：kttm　负责人：梶田知典　田原诚　环境设计
　负责人：石黑泰司
土木景观：Tetor
　负责人：山田裕贵　山本良太
家具：atelier scale　负责人：山本大辅
标识：atrium　负责人：丰田修平
色彩顾问：CLIMAT　负责人：加藤幸枝
植栽：负责人：清右卫门　佐佐木知幸
监理：Eureka
　负责人：稻垣淳哉　佐野哲史　永井拓生　堀英祐　竹味佑人
　长谷川设备计划
　负责人：长谷川博
监理协助：kttm
　负责人：梶田知典　田原诚

施工

建筑：森安建设
　负责人：安东进一　长谷茂　中村贵启
预切・建筑方法：避难所
　负责人：早坂勇人　斋藤拓实　山科淳史　鬼岛一博
钢筋工程：KANTETU　负责人：森藤胜义
金属屋顶：金田建装　负责人：滨田正教
钢质门窗：小原产业　负责人：影山雅一
木质门窗：安藤　负责人：横部淳　安藤慎
空调・卫生：成好设备工业
　负责人：有吉健　光石树矢
电力：片冈电力工事
　负责人：片冈保亲　片冈圣史

规模

用地面积：1959.84 m^2
建筑面积：273.62 m^2
使用面积：323.04 m^2
1层：189.51 m^2 / 2层：133.53 m^2
建蔽率：14.0%
容积率：16.5%
层数：地上2层

尺寸

最高高度：8011 mm
房檐高度：7871 mm
层高：北栋：3000 mm　南栋 1900 mm
顶棚高度：1层：2400 mm
主要跨度：1820 mm×6370 mm

用地条件

地域地区：未划线区域
道路宽度：北16 m
停车辆数：10辆

结构

主体结构：木结构　一部分为钢筋结构
桩・基础：钢管桩　带状地基

设备

空调设备
空调方式：组合式空调
热源：风冷热泵
卫生设备
供水：自来水管直接连接方式
热水：独立供热水方式
排水：合流方式
电力设备
供电方式：低压供电方式
设备容量：电灯26.2kVA　动力30.2KW
额定电力：电灯20KW　动力28KW
防灾设备
防火：灭火器
排烟：自然排烟
其他：紧急报警装置　导向灯设备
升降机：载客电梯（11人）

工期

设计期间：2017年1月—2017年8月
施工期间：2017年9月—2018年3月

外部装饰

开口部位：LIXIL

内部装饰

市民看台　市民休息室
多功能空间　休息空间　导游・城市营业部租户
壁板：山月
墙壁：山月

主要使用器械

坐便器：TOTO
空调：三菱电机
照明器具：远藤照明

左图片提供：Tetor　右图片提供：长田干

左：外观模型/右：第二期工程（外观・土木）的样子

稻垣淳哉（INAGAKI・JUNYA/右）

1980年出生于爱知县/2004年毕业于早稻田大学理工学院建筑专业/ 2006年修完早稻田大学研究生院硕士课程/ 2006年—2009年修完早稻田大学研究生院博士后期课程/ 2007年—2009年，早稻田大学建筑专业副教授（古谷诚章研究室）/ 2009年，就职于Eureka/ 2017年至今，任早稻田大学艺术学校副教授

佐野哲史（SANO・SATOSI/右中）

1980年出生于埼玉县/ 2003年毕业于早稻田大学理工学院建筑专业/ 2004年Renzo Piano Building Workshop / 2006年修完早稻田大学研究生院硕士课程/ 2006年—2009年，就职于隈研吾建筑设计事务所/ 2009年至今就职于Eureka/ 2014年至今任庆应义塾大学理工学院外聘讲师/ 2015年— 2016年，任东京艺术大学教育研究助手/ 2016年至今就读于庆应义塾大学研究生院后期博士课程

永井拓生（NAGAI・TAKUO/左中）

1980年出生于山口县/ 2003年毕业于早稻田大学理工学院建筑专业/ 2005年修完早稻田大学研究生院硕士课程/ 2009年修完早稻田大学研究生院博士课程学分，退学/ 2006年—2009年，任早稻田大学助教/ 2009年—2011年，任东京大学生产技术研究所准博士研究员/ 2009年成为Eureka合伙人，领导永井结构策划事务所/ 2011年至今，任滋贺县立大学环境科学部助教

堀英祐（HORI・EISUKE/左）

1980年出生于佐贺县/ 2004年毕业于早稻田大学理工学院建筑专业/ 2007年修完早稻田大学研究生院硕士课程/ 2009年成为Eureka合伙人/ 2009 年—2012年，任早稻田大学理工学术院助教/2010年，修完早稻田大学研究生院博士课程学分，退学/ 2012 年— 2016年，任早稻田大学理工学术院助教/2016年任近畿大学产业理工学院特聘讲师/2017年至今任近畿大学产业理工学院讲师

山田裕贵（YAMADA・YUUKI/右）

1984年出生于爱媛县/2006年毕业于熊本大学工学院环境系统工学科（土木环境系）/ 2008年修完熊本大学研究生院硕士课程/2011年修完东京大学研究生院博士课程/2011年—2015年，就职于E.A.U/ 2012年至今，任法政大学兼职讲师/ 2016年至今任Tetor董事长/ 2017年至今任国史馆大学外聘讲师/2018年至今任东京大学外聘讲师

山本良太（YAMAMOTO・RYOUTA/左）

1985年出生于大分县/ 2008年毕业于熊本大学工学院环境系统工学科（土木环境系）/2010年修完熊本大学研究生院硕士课程/ 2010年—2017年就职于E.A.U/ 2017年至今就职于Tetor

星野裕司（HOSINO・YUUJI）

1971年出生于东京都 /1994年毕业于东京大学工学院社会基础工学科/ 1996年修完东京大学研究生院工学系研究科土木学专业 /1996年—1999年，就职于APL综合策划事务所/ 1999年—2006年，任熊本大学工学院环境系统工学科助手/ 2006年—2018年，任熊本大学工学院社会环境工学科副教授/ 2018年至今任熊本大学熊本水循环・减灾研究教育中心副教授

大阪艺术大学 艺术科学系教学楼（项目详见第46页）

●向导图登录新建筑在线
http://bit.ly/sk1901_map

所在地：大阪府南河内郡河南町东山469
主要用途：大学
所有人：学校法人　塚本学院

设计

建筑：妹岛和世建筑设计事务所
负责人：妹岛和世　棚濑纯孝　降矢宜幸　原田直哉　REGINA TENG
结构：佐佐木睦朗结构策划研究所
负责人：佐佐木睦朗　犬饲基史　永井佑季
设备：森村设计　负责人：大贯和信　深谷将一

监理：妹岛和世建筑设计事务所
负责人：妹岛和世　棚濑纯孝　降矢宜幸　原田直哉
佐佐木睦朗结构策划研究所
负责人：佐佐木睦朗　犬饲基史
森村设计　负责人：大贯和信　深谷将一

施工

建筑：大成建设
负责人：山浦惠介　卯野和纪　小暮健太　须山谕　大迫乡　冈北祐介
空调·卫生：五建工业
负责人：奥村笃史　平松大辅
电力：日本电设工业
负责人：荒木俊昭　岛田靖雄　汤浅博之

规模

用地面积：209 854.26 m²
建筑面积：2684.15 m²
使用面积：3176.28 m²
地下1层：1251.46 m²
1层：1773.60 m² / 2层：151.22 m²
建蔽率：23.83%（容许值：60%）
容积率：66.76%（容许值：200%）
层数：地下1层　地上2层

尺寸

最高高度：9800 mm
房檐高度：7500 mm
层高：共享空间：9800 mm
讲义室：4100 mm　教员研究室：3680 mm
地下：5030 mm
顶棚高度：共享空间：0～9320 mm
讲义室：3010 mm～3200 mm　教员研究室：2460 mm～3200 mm
主要跨度：9000 mm × 9000 mm

用地条件

地域地区：市街化区域　第一类居住地域　日本《建筑基准法》第22条指定区域
道路宽度：西28m

结构

主体结构：钢架结构　钢架钢筋混凝土结构
桩·基础：直接基础

设备

空调设备

空调方式：空冷热泵组合式
热源：电力
卫生设备
供水：储水箱＋加压供水泵方式
热水：局部供热水方式
排水：建筑内：合流方式（污水、雨水）
建筑外：分流方式（污水、雨水）
电力设备
供电方式：6.6 KV 1回线　室外封闭配电箱方式
设备容量：800 kVA
防灾设备
灭火：室内灭火栓设备＋连接喷水设备
其他：自动火灾报警设备　应急广播设备
应急照明·导向灯设备
升降机：载客兼轮椅用电梯 24人 × 1台

工期

设计期间：2015年9月—2017年6月
施工期间：2017年7月—2018年11月

外部装饰

屋顶：双和化学产业

内部装饰

共享空间　合同研究室
地板：C-GATE
外壁：吉野石膏
讲义室
地板：C-GATE
外壁：吉野石膏　菊川工业
天花板：吉野石膏
教员研究室
地板：C-GATE
外壁：吉野石膏　菊川工业
天花板：吉野石膏
地下
地板：C-GATE
外壁：吉野石膏　菊川工业
天花板：吉野石膏

妹岛和世（SEIJIMA·KAZUYO）

1956年出生于茨城县/1981年修完日本女子大学硕士课程/进入伊东丰雄建筑设计事务所/1987年成立妹岛和世建筑设计事务所/1995年与西泽立卫创立SANAA/ 2015年至今任米兰工科大学教授/ 2016年担任维也纳应用艺术大学教授/ 2017年至今任横滨国立大学研究生院建筑都市学校Y-GSA教授

图片提供：日本新建筑社摄影部

地下1层走廊看向实验室

早稻田大学37号馆　早稻田竞技场（项目详见第60页）

●向导图登录新建筑在线
http://bit.ly/sk1901_map

所在地：东京都新宿区户山1-24-1
主要用途：大学
所有人：早稻田大学

设计

综合监理 早稻田大学校园企划部
负责人：冈本宏一　北野宁彦　中里大　中本了嗣　森本凉
参与：西谷章
基础计划·基础设计
山下设计
统筹：水越英一郎
建筑负责人：筱崎亮平　滨田贵广
结构负责人：铃木光雄　曾根拓也
电力设备：羽田司　松本泰彦
机械设备：市川卓也　大山有纪子
费用：植村润子
Place Media
景观负责人：吉村纯一　吉泽真太郎
实施设计·监理　山下设计·清水建设设计企业联营体
山下设计
统筹：水越英一郎
建筑负责人：筱崎亮平
结构负责人：铃木光雄　曾根拓也
电力设备：羽田司
机械设备：市川卓也
监理负责人：水越英一郎　铃木光雄
清水建设一级建筑师事务所
建筑负责人：宫崎俊亮　中泽绫
结构负责人：谷口尚范　清水干雄　西川航太　木内佑辅
电力设备：中泽公彦　宫原晋一郎
机械设备：笠原真纪子
监理负责人：加地则之　宫崎俊亮　中泽绫　清水干雄
中泽公彦　宫原晋一郎　笠原真纪子
Place Media
景观·监理负责人：吉村纯一　吉泽真太郎

施工

清水建设（工程统筹）
建筑：清水建设
负责人：别府达郎　森川龙太郎　镰田千生　柳井佑介　兜森圭右　佐藤克彦　本山拓也　饭田薰　三轮大平田统大
空调：新菱冷热工业（专业工程）
负责人：渡部浩树
卫生：城口研究所（专业工程）
负责人：武藤邦伸　饭田光男　小早川健太
电力：北川电气工业（专业工程）
负责人：熊井章人　菅原雅文　黑沼祥　间中智也

规模

用地面积：33 362.24 m²（校园整体）
建筑面积：5485.66 m²（此次计划部分）
使用面积：14 028.37 m²（此次计划部分）
地下2层：6146.08 m²/地下1层：3731.75 m²
1层（37号馆 早稻田竞技场）：1 532.24 m²
1层（37-21号馆 新警卫室）：46.75 m²
2层：1224.87 m²/3层：926.42 m²
4层：420.26 m²
建蔽率：49.11%（容许值：50%）
容积率：223.65%（容许值：316.10%）
*注：包含已有设施在内校园整体的数值
层数：地下2层　地上4层

尺寸

最高高度：18 900 mm
房檐高度：17 400 mm
层高：地下2层：5450 mm /地下1层：7550 mm
1层：4500 mm/2层：4200 mm
3层：4200 mm /4层：4450 mm
顶棚高度：竞技场（地下2层）：
9850 mm～12550 mm（暴露式天花板，梁底到地面的高度）
拳法场（地下2层）：
3500 mm　部分2650 mm
俱乐部活动室（地下2层）：2400 mm
竞技场观众席（地下1层）：
6360 mm-9060 mm（暴露式天花板，梁底到地面的高度）
训练区域（地下1层）：
暴露式天花板：11 150 mm　梁底到地面的高度：6420 mm
多功能运动场（地下1层）：
5575 mm　部分2400 mm
公共练习区（2层）：3000 mm
早稻田体育博物馆（3层）：3000 mm
竞技体育中心办公室（3层）：3000 mm
主要跨度：6300 mm × 44 400 mm（竞技场跨度较长区域）　6300 mm × 9600 mm（普通区域）

用地条件

地域地区：第一类中高层居住专用区域　第一类居住区域　新宿区20 m第二类高度地区　新宿区30 m第三类高度地区　第一类文教地区
道路宽度：北20.5 m（诹访路）　西11.0 m（箱根山路）　东4.0 m

结构

主体结构：钢架钢筋混凝土结构　部分钢筋骨架结构　部分钢筋混凝土结构
基础：直接基础

设备

环境保护技术
ZEB Ready（BEI=0.39）　地热空调系统　蓄热水槽（与地热进行热交换）　大规模建筑主体蓄热　平均土层厚度　在约100 cm厚的土层上实施屋顶绿化　雨水利用（植物浇灌）　采用高效设备机器　采用节水型卫生器材等　变水量空调系统　基于CO_2浓度的变风量空调系统　利用空调冷凝废热制备生活热水　太阳能发电（相当于50kW）　LED照明　BEMS
空调设备
空调方式：竞技场：地源热泵中央空调（配套使用风冷热泵冷凝器）＋蓄热槽（1190 m³）+单风道方式
地下各室：空调外机+水源热泵空调方式
地上各室：风冷热泵机组（EHP）
卫生设备
供水：加压供水方式（上水，杂用水（雨水）双系统）
热水：单独储水式电热水器
排水：浴室：水源热泵热水器+蓄热水槽方式
其他：电热水器分别供给
排水：污水杂排水合流方式
电力设备
供电方式：3ϕ3W6.6kV 50 Hz 1条线路（特高变压器供电）
设备容量：1ϕ变压器150kVA × 2台　3ϕ变压器750kVA × 2台　500kVA × 1台　斯科特接线变压器150kVA × 1台
预备电源：紧急柴油发电机500 kVA
防灾设备
防火：喷淋灭火系统（湿式·洒水型）　室内消防栓设备
排烟：竞技场：自然排烟方式（以避难安全验证法为基础进行的自主设置）
其他：火灾报警装置　紧急播放设备　紧急照明装置　安全指示灯设备
特殊设备：监控设备　人员进出管理系统　太

阳能发电设备

工期

基础计划：2013年12月—2014年6月

基础设计：2014年7月—2015年3月

实施设计：2015年4月—2016年2月

施工期间：2016年2月—2018年11月

外部装饰

玻璃屋檐：ASAHI BUILDING-WALL

开口部位：三协立山

内部装饰

主竞技场（地下2层）

地面：KURIYAMA

墙壁：染野制作所

主竞技场观众席（地下1层）

地面：TOLI

回弹座椅：KOTOBUKI Seating

训练区域（地下1层）

地面：KURIYAMA

墙壁：石井化学工业

拳法场——少林寺拳法（地下2层）

地面：北海道Parquet工业

墙壁：石井化学工业

天花板：吉野石膏

拳法场——日本拳法（地下2层）

地面：柔道垫：Classe

墙壁：石井化学工业

天花板：吉野石膏

俱乐部活动室（地下2层）

地面：TOLI

天花板：吉野石膏

多功能运动场（地下1层）

地面：KURIYAMA

公共练习区（2层）

地板：TOLI

天花板：吉野石膏

早稲田体育博物馆（3层）

地面：TOLI

竞技体育中心办公室（3层）

地面：TOLI

天花板：吉野石膏

水越英一郎（MIZUKOSHI・EIITIROU）

1970年出生于千叶县/1993年毕业于早稻田大学理工学院建筑专业/1995年毕业于该大学研究生院，获硕士学位，并就职于山下设计公司/现任该公司首席建筑师。

吉村纯一（YOSHIMURA・JUNITI）

1956年出生于岛根县/1980年毕业于千叶大学园艺学院园艺专业，后进入铃木昌道造园研究所/1990年创办Place Media/2008年任多摩美术大学美术学院环境设计专业教授。

市川卓也（ITIKAWA・TAKUYA）

1969年出生于千叶县/1993年毕业于早稻田大学理工学院建筑专业/1995年毕业于该大学研究生院，获硕士学位/1995年就职于山下设计公司/现任该公司机械设备设计部部长

笠原真纪子（KASAHARA・MAKIKO）

1967年出生于新潟县/1990年毕业于早稻田大学理工学院建筑专业/1990年就职于清水建设公司/现任该公司设计总部设备设计部四部设计长。

物尽其才的结构计划支撑复合功能

在本项目中通讨物尽其用的结构计划以求得各个区域的结构最优化。建筑结构体主要由上下两部分组成，即户山之丘以下的下部结构，以及高层楼、玻璃雨棚为代表的上部结构。

在下部结构中为兼顾主竞技场的大空间和户山之丘的盎然绿意，为长约45 m的跨度量身定制了2900 mm~3250 mm的华伦式桁架。对于主要埋在地下的部分以钢筋混凝土结构为主体，考虑到桁架与上部结构的钢架有衔接，部分采用了钢架钢筋混凝土结构。框架采用剪力墙框架结构，建筑外周的地下外壁和部分隔墙通过剪力墙来分担水平荷载。

由于项目选址的地下水位高达GL-2.0 m，基础底标高达GL-15.35 m，因此在设计过程中如何应对土压、水压成了一个重要课题。桁架标高的水平结构支撑外部墙壁，此外，对于设置在竞技场四周的观众席，通过加厚其楼板厚度，向剪力墙传递压力，以确保安全性。对于来自地基下面的水压，在跨度较大的主竞技场和拳法场设置地基预埋件，防止其向上浮起的同时减轻基础梁应力。为减轻高层楼下部结构的重量负担，对其上部结构采用了钢筋骨架结构。

（铃木光雄+曾根拓也 / 山下设计+谷口尚范+西川航太/ 清水建设）

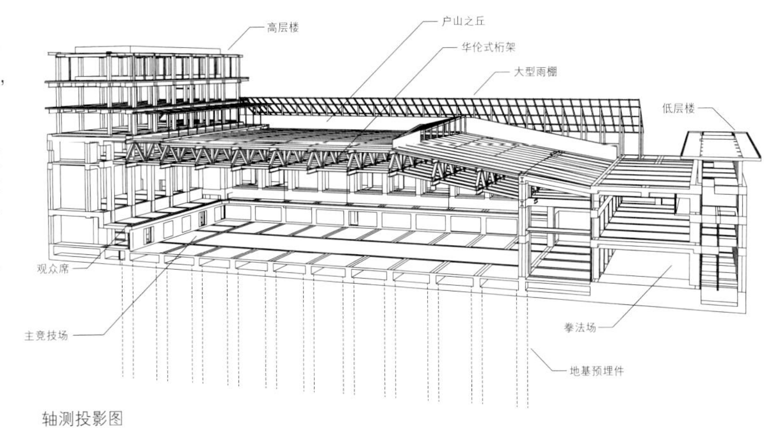

轴测投影图

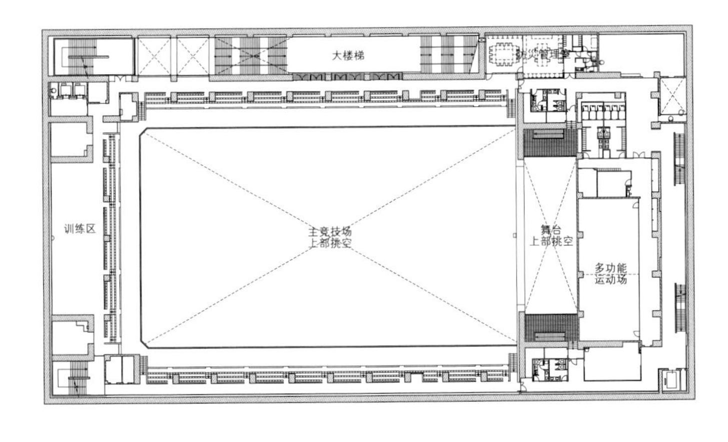

地下1层平面图　比例尺1:1200

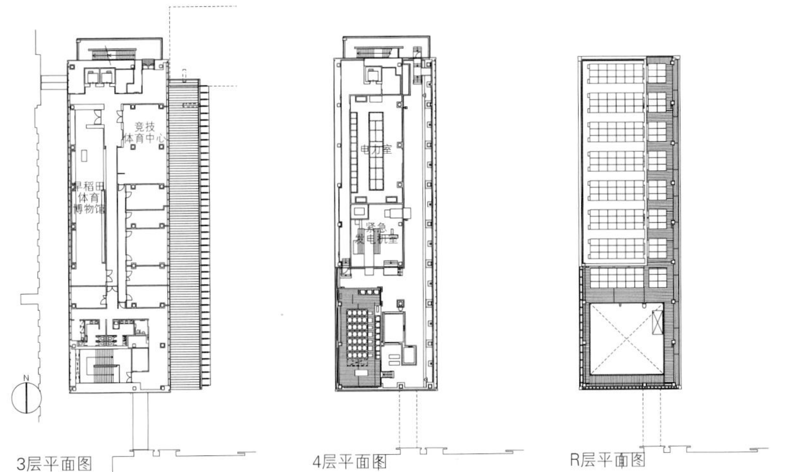

3层平面图　4层平面图　R层平面图

V&A Dundee (项目详见第72页)

●向导图登录新建筑在线
http://bit.ly/sk1901_map

所在地：1 Riverside Esplanade, Dundee DD1 4E
主要用途：博物馆　研修室　店铺　餐厅
所有人：邓迪市 (Dundee City Council)

设计
建筑　隈研吾建筑都市设计事务所
负责人：隈研吾　池口由纪　藤原铁平*
Maurizio Mucciola*　片桐和也*
垣副正树*　Maria-Chiara Piccinelli*
铃木公男　松长知宏　针谷将史*
斋藤浩章* (*原职员)
Executive · Architects　James · F Stephen · Architects
咖啡厅，餐厅，店铺设计：Lumsden · Design
设计顾问：C-MIST
结构 · 设备 · 海洋，土木工程 · 主立面工程：Arup
项目经理：Turner&Townsend
水畔设计：Fountain · Direct
景观：Optimised · Environments
宣传计划：cartridge · living

施工
建筑：BAM Construct UK

规模
用地面积：11160 m^2
使用面积：8445 m^2
层数：地上3层

尺寸
最高高度：22 800 mm
房檐高度：22 800 mm
层高：1层：4750 mm /2层：3800 mm
顶棚高度：主厅：13 000 mm
洽谈室：4000 mm　画廊：5000 mm

结构
主体结构：钢筋混凝土结构
桩 · 基础：桩基础　现浇混凝土

设备
环境保护技术
冷梁系统 (办公室区域)
空调设备
空调方式：单独空调方式
热源：风冷热泵方式
卫生设备
供水：重力式
热水：风冷热泵方式
排水：重力方式
电力设备
供电方式：主电源方式
设备容量：750KW
升降机：乘客用1台

工期
设计期间：2011年1月—2013年10月
施工期间：2015年3月—2018年9月

工程费用
总费用：£80.11 million

外部装饰
外壁：Carees　Techlead
幕墙：Glass · Solutions

内部装饰
主厅
地面：Tile Craft
天花板：CMS DANSKIN
洽谈室 · 画廊
地面：KingSpan

使用向导
开馆时间：10:00—17:00
闭馆时间：12月25,26日
入馆费：除特别企划部展览之外一律免费
电话：44-(0)1382-411-655

隈研吾 (KUMA · KENGO)

1954年出生于东京都/1979年毕业于东京大学建筑专业研究生院，获硕士学位，/1985年—1986年任哥伦比亚大学客座研究员/1990年创办隈研吾建筑都市设计事务所/2001年任庆应义塾大学教授/现任东京大学教授

两张图片提供 V&A Dundee

左：修复后的查尔斯 · 马金托什 (Charles Rennie Mackintosh) 的代表作——英格拉姆街茶室“橡树屋”
右：苏格兰设计 (scottish design) 的展览

千岛湖酒店 (项目详见第82页)

●向导图登录新建筑在线
http://bit.ly/sk1901_map

所在地：中国浙江省杭州市
主要用途：酒店
所有人：淳安大中酒店有限公司

设计
设计 · 监理：KUU／佐伯聪子+TAN K.M.
负责人：佐伯聪子　TANK.M.
构造 · 设备：广东建筑艺术设计院宁波分公司

施工
建筑：浙江坤鸿建设有限公司
空调 · 电气：杭州金泰有限公司
卫生：杭州立丰建设有限公司

规模
用地面积：16004.99 m^2
建筑面积：4319.74 m^2
使用面积：11021.03 m^2
地下1层：9236 m^2
1层：4006 m^2 ／2层：3467 m^2
3层：3548 m^2
建蔽率：26.99% (容许值：28%)
容积率：68.86% (容许值：70%)
层数：地下1层　地上3层

尺寸
最高高度：11600 mm
房檐高度：10500 mm
层高：3500 mm　4800 mm (地下1层部分)
顶棚高度：大厅：2500 mm (部分6200 mm)
走廊：2500 mm
客室：2650 mm
主要跨度：8100×8100 mm (地下停车场)
4050 mm宽 (客室)

用地条件
道路宽度：北6 m
停车辆数：90辆

构造
主体结构：钢筋混凝土结构
桩 · 基础：杭基础

设备
空调设备
空调方式：单一导管定风量方式
热源：冷水温水採用水源热泵
卫生设备
水源：加压供给方式
热水：热泵
排水：雨水直接排水　合并处理净化槽
电气设备
供电方式：高压供电
设备容量：2000 kVA
防火设备
灭火：屋内灭火栓设备
排烟：自然排烟

工期
设计期间：2014年12月—2016年5月
施工期间：2016年6月—2018年5月

主要器械
洗脸台　水栓　坐便器　淋浴 (TOTO)

利用向导
电话：+86-0571-29906666

TAN K.M. (右)

1964年出生于新加坡／1992年毕业于新加坡国立大学／2000年修完加泰罗尼亚工科大学研究生院硕士课程／曾任职于多家设计事务所，于2006年加入KUU

佐伯聪子 (SAEKI · SATOKO／左)
1973年出生于爱知县名古屋市／1997年毕业于明治大学理工学部建筑学科／2000年修完宾夕法尼亚大学研究生院硕士课程／ 2000年—2002年任职于MADA spam／2003年至今任职于KUU

两张图片提供 KUU／佐伯聪子+TAN K.M.

左：客房/右：浴场内部。大浴场的周围设有小型浴室，确保个人隐私

Restaurant of Shade （项目详见第90页）

●向导图登录新建筑在线
http://bit.ly/sk1901_map

所在地： 151b Hai Ba Trung St., Ward 6, District 3, Ho Chi Minh City, Vietnam
主要用途： 餐厅　办公
所有人： Pizza 4P's

设计

建筑・监理　NISHIZAWAARCHITECTS
负责人：西泽俊理　Vu Ngoc Tam Nhi　Dinh Tat Dat
构造・设备　Trung Long
负责人：Thieu Quang Tan

施工

建筑：Trung Long＋Toan Dinh
负责人：Thieu Quang　Tan Tran Duc Nha
空调：Viet Phat JSC
卫生・电气：Trung Long

规模

用地面积：670 m²
建筑面积：626 m²
使用面积：1180 m²
1层：538 m²/2层：509 m²
各楼层：133 m²
建蔽率：93.4%（容许值：100%）
容积率：176%（容许值：200 %）
层数：地上2层　阁楼1层

尺寸

最高高度：11900 mm
房檐高度：7650 mm
层高：3600 mm
顶棚高度：2650 mm
主要跨距：4800 x 5200 mm

用地条件

地域地区：Residential Area
道路宽度：北东4250 mm
停车辆数：只限摩托车（30辆）

结构

主体结构：钢筋结构　部分钢筋混凝土结构
桩・基础：带状基础

设备

空调设备
空调方式：单一导管方式
热源：电力
卫生设备
供水：高置水槽方式
热水：局所供水方式
排水：污水、杂排水、雨水分流式
电气设备
受电方式：一回线受电方式
设备容量：31680 kVA
防火设备
消火：小型消火器

工期

设计期间：2017年6月—12月
施工期间：2017年10月—2018年2月

利用向导

开馆时间：10:00—23:00
闭馆时间：无
电话：+84-28-3622-0500

西泽俊理（NISHIZAWA・SHUNNRI）

1980年出生于千叶县/2003年毕业于东京大学工学部建筑学科/2005年修完同大学研究生院硕士课程/2005年—2009年就职于安藤忠雄建筑研究所/2011年—2015年参与经营Sanuki + Nishizawa architects /2015 年创立NISHIZAWAARCHITECTS

阿凡达X实验室@大分县 （项目详见第96页）

●向导图登录新建筑在线
http://bit.ly/sk1901_map

所在地： 大分县
主要用途： 开发设施、实验基地
所有人： ANA（全日空）

设计

建筑： 云建筑事务所
负责人：曾野正之　OSTAP RUDAKEVYCH　曾野祐子　KEBIN・HOWAN
结构：东京大学佐藤淳研究室+佐藤淳结构设计事务所
负责人：佐藤淳　本田几久世

规模

用地面积：441 500 m²
建筑面积：950 m²
使用面积：2910 m²
地下3层：100 m²/地下2层：200 m²/地下1层：400 m²/1层：550 m²/2层：700 m²/3层：550 m²/4层：400 m²
阁楼层：10 m²
层数：地下3层　地上4层　阁楼1层

尺寸

最高高度：31 000 mm
层高：研究室、展示室等：4000 mm
顶棚高度：大厅、游客中心等：5500 mm
主要跨度：150 000 mm x 150 000 mm

用地条件

地域地区：市街化调整区域
道路宽度：北11 m
停车辆数：300辆

结构

主体结构：钢架结构+铝结构
桩・基础：PHC桩+地锚

内部装饰

屋顶・外墙：BIRDAIR
开孔部分：AGC

外部装饰

主室
墙壁：SAINTGOBAIN

利用向导

https://avatarx.com/
https://ana-avatar.com/index.html

曾野正之（SONO・MASAYUKI）

1970年出生于兵库县/1996年取得华盛顿大学硕士学位/1998年取得神户大学硕士学位/1996年—1997年就职于Lost arts/1998年—2003年为Voorsanger 建筑师/2003年成立Masayuki Sono/2005年—2010年成为Voorsanger建筑师/2010年成立云建筑事务所/2013年担任普瑞特艺术学院建筑学系特邀教授

OSTAP RUDAKEVYCH

1973年出生于美国纽约/1996年毕业于卡内基梅隆大学建筑学院/2012年取得哈佛大学设计研究生院硕士学位/1997年—2000年就职于Lee H Skolnick A+DP/2001年成立front studio/2006年成立studio lindfors/2010年成立云建筑事务所/2012年担任普瑞特艺术学院建筑学系特邀教授

曾野祐子（SONO・YUKO）

1976年出生于神奈川县/2001年毕业于京都大学工学院建筑系/2015年取得哥伦比亚大学建筑研究生院建筑学院硕士学位/2011年加入云建筑事务所/2013年—2014年就职于OMA New York/2015年—2016年就职于SO-IL Office/2016年—2018年担任哥伦比亚大学建筑研究生院建筑学院外聘讲师

佐藤淳（SATO・JUN）

1970年出生于爱知县/1995年取得东京大学硕士学位/1995年—1999年就职于木村俊彦结构设计事务所/2000年成立佐藤淳结构设计事务所/2010年担任东京大学AGC捐赠讲座特任副教授/2014年担任东京大学新领域创始科学研究系副教授/2018年担任斯坦福大学特邀教授

三张图片提供：云建筑事务所

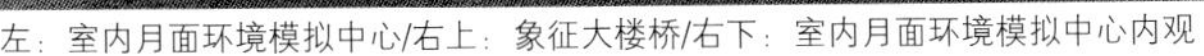

左：室内月面环境模拟中心/右上：象征大楼桥/右下：室内月面环境模拟中心内观

札幌市圆山动物园 北极熊馆、象舍（项目详见第100页）

●向导图登录新建筑在线
http://bit.ly/sk1901_map

所在地：札幌市中央区宫丘3-1
主要用途：动物园
所有人：札幌市

■北极熊馆

设计

建筑：大建设计
总负责人：藤井洋
负责人：今村正则　松本涉　萱沼良男
佐藤公哉
结构负责人：江头惠一
设备：山道设备设计事务所
电力负责人：八十岛文明
机械负责人：小仓章彦
监管：建筑：大建设计
负责人：江头惠一　松本涉　草刈崇圭
设备：山道设备设计事务所
负责人：小仓章彦　八十岛文明
告示板设计基本计划、监修：札幌市立大学设计学院
负责人：福田大年
告示板设计、动物浮雕、塑像设计：Futaba
负责人：儿玉美也子　文章构成　松田仁央
环球影城设计监修：札幌市立大学设计学院
负责人：齐藤雅也

施工

建筑：岩田地崎、中井圣特定企业联营体
负责人：增井伸幸　我妻正邦　石川雄治　嵯峨宏祐
机械设备：工成舍
电力设备：大成电力
电梯设备：三菱电机大楼技术服务

规模

用地面积：207 725.00 m^2
建筑面积：1206.91 m^2
使用面积：1627.52 m^2
地下1层：64.61 m^2/1层：1141.78 m^2
2层：404.48 m^2/阁楼：16.65 m^2
建蔽率：13.27%（容许值：60%）
容积率：16.88%（容许值：200%）
层数：地下1层　地上2层　阁楼1层

尺寸

最高高度：8939 mm
房檐高度：8839 mm
层高：观光通道：4000 m
顶棚高度：观光通道：2800 mm

用地条件

地域地区：第二种居住地区

结构

主体结构：钢筋混凝土结构
桩・基础：直接基础

设备

空调设备
空调方式：燃气热泵空调方式
热源：天然气
卫生设备
供水：加压泵方式
热水：局部供水方式
排水：污水杂排水、雨水排水分流方式
电力设备
供电方式：箱式变电方式
设备容量：375 kVA
防灾设备
灭火：室内灭火栓设备
排烟：自然排烟
其他：水池过滤设备、循环过滤装置前期处理：凝集剂注入装置
杀菌、灭藻类：电解弱酸性生成装置
除臭、脱色：臭氧处理装置
升降机：一般乘用×2台　小行李专用电梯×1台

工期

设计期间：2014年3月—2015年3月
施工期间：2015年11月—2017年10月

外部装饰

屋顶：日新工业
观光步行部分：名古屋镶嵌工艺工业
外墙：一般部分：SK化研
室外放养场地墙面：SK化研
开孔处：北海道不二窗框　田岛金属工业
外部结构：观光部分：ABC商会
水槽：三幸KEMIKARU　菱晃　OKASANLIVIC
横山造园

内部装饰

1层观光室：
墙壁：SK化研
2层观光室
墙壁：SK化研

■象舍

设计

建筑：大建设计
总负责人：尾崎诚治
负责人：藤原益三　松本涉　萱沼良男
结构负责人：江头惠一　草刈崇圭
设备：BEGOING
电力负责人：佐佐木政胜
机械负责人：高桥哲哉
监管：建筑:大建设计
负责人：松本涉　草刈崇圭
设备：BEGOING
负责人：佐佐木正胜　高桥哲哉
告示板设计基本计划、监修：札幌市立大学设计学院
负责人：石田胜也　齐藤雅也
环球影城设计监修：札幌市立大学设计学院
负责人：酒井正幸
建筑环境设计监修：札幌市立大学设计学院
负责人：齐藤雅也

施工

建筑：岩仓建设
负责人：长谷川喜一　奥山史也　远田健志　匹田政也
供水排水卫生设备：清和设备工程技术
空调换气设备：池田暖气工业
电力设备：协信电力工业
电梯设备：日立大楼系统

规模

用地面积：207 725.00 m^2
建筑面积：3231.07 m^2
使用面积：4107.63 m^2
地下2层：232.34 m^2/地下1层：309.22 m^2
1层：2778.28 m^2/2层：732.99 m^2
阁楼：64.68 m^2
建蔽率：13.27%（容许值：60%）
容积率：17.46%（容许值：200%）
层数：地下2层　地上2层　阁楼1层

尺寸

最高高度：12 640 mm
房檐高度：9630 mm
层高：观光通道：3500 m
顶棚高度：观光通道：2600 mm-3350 mm

结构

主体结构：钢筋混凝土结构　部分钢架结构
桩・基础：直接基础

设备

环境保护技术
小口径管道高速喷气方式（大空间特殊空调换气系统）高效过滤循环
空调设备：
空调方式：空气式（小口径管道高速喷气方式）　空冷热泵机组方式（EHP）　温水暖气远红外线暖气机　电力嵌板式加热器
热源：城市燃气（13A）电力
卫生设备
供水：加压供水方式　洒水设备（室内放养场内、部分训练场地）

迪桑特创意工作室综合楼（项目详见第108页）

●向导图登录新建筑在线：
http://bit.ly/sk1901_map

所在地：大阪府茨木市彩都YAMABUKI 2-3-2
主要用途：事务所
所有人：DESCENTE
项目顾问：日本土地建物
负责人：西田达生　石井友彦

设计

竹中工务店
总括：原田哲夫　长谷川淳
建筑负责人：岩崎宏　松冈正明　有田博 林拓真　森田昌宏
结构负责人：松原由典　泽井祥晃　高山直行　犬山隆博
设备负责人：篠岛隆司　安心院智粕谷文
监理负责人：长田幸则　大谷康余　里松本忠史　青木忠孝
可视化负责人：山口大地
计算机工程师负责人：和多田辽
工作间制造负责人：岩崎太子郎 冈田明浩　冈田真幸　下田洋辅
图标设计：广村设计事务所
负责人：广村正彰　山口庆
照明设计：冈安泉照明设计事务所
负责人：冈安泉
展示：乃村工艺社
负责人：菅谷翔　日野寿一

施工

建筑：竹中工务店
负责人：山口泰二　藤本司　三浦久美子　今吉健　松原聪平　竹林夏帆　日置拓
空调・卫生：三建设备
负责人：丸山周二
电气：住友电设
负责人：中村彰宏

规模

用地面积：22 220 m^2
建筑面积：3389 m^2
使用面积：4307 m^2
1层：3050 m^2/2层：1257 m^2
建蔽率：15.3%（容许值：60%）
容积率：19.4%（容许值：200%）
层数：地上2层

尺寸

最高高度：9978 mm
房檐高度：9512 mm
层高：事务所：5000 mm
顶棚高度：事务所：9085 mm
主要跨距：10 800 mm×10 800 mm

用地条件

地域地区：城市规划区域外 无地域限定
道路宽度：南9.5 m

结构

主体结构：木结构　部分钢筋混凝土以及钢架结构
桩・基础：天然地基

设备

环境保护技术
自动自然换气系统
CASBEE A级
空调设备
空调方式：独立空调方式
热源：电热冷气泵冷却装置　瓦斯热源冷气泵冷却装置
卫生设备
供水：直压供水方式
热水：局部瓦斯供水方式
排水：污水杂排水合流方式　雨水分流方式
电力设备
供电方式：高压供电方式
设备容量：3 ϕ 3W600KVA　1 ϕ 3W300KVA
额定电力：230kW（2018年8月）
防灾设备
消防：室内消防栓设备
排烟：自然排烟
其他：自动火灾报警设备
升降机：厢式电梯（750kg/11人）
特殊设备：降雨设备　人工气象室

工期

设计期间：2016年8月-2017年7月
施工期间：2017年8月-2018年7月

外部装饰

屋顶：ARCHITECTURAL YAMADE
外墙：淀川制钢所
开口部：三协立山　YKK AP
外部结构：小松精练　荒木产业

三张图片提供：日本新建筑社摄影部

左：大厅。以屋顶的曲线、V形柱、楼梯、服务台及图标展现品牌精神。
中：2层画廊。通过近距离接触以往至今开发的服装实物，寻找设计灵感。
右：室外测定空间。由250mm角钢柱与H-250mm钢梁构成。上方40mm拱背梁端口与中部由拉杆支撑。

热水：局部供水方式
排水：自然流出排水方式
电力设备
供电方式：低压方式
设备容量：300 kVA
防灾设备
灭火：室内灭火栓设备　灭火器设备
排烟：自然排烟
其他：过滤设备（室内水池）
升降机：一般乘用限乘11人45 m/min × 1台
工期
设计期间：2015年10月—2016年8月
施工期间：2017年3月—2018年10月
外部装饰
屋顶：田岛毛毡　ARCHITECTURAL YAMADE
观光步行部：名古屋镶嵌工艺工业
外墙：放养场地外：SK化研
放养场地：SANKO PRECON SYSTEM
开孔处：北海道不二窗框　三和门窗
外部结构：盆栽：横山造园 OKASANLIVIC
内部装饰
饲养场：
地板：ABC商会
墙壁：SK化研
天花板：三幸KEMIKARU　菱晃 OKASANLIVIC
1层观光室 2层观光室
地板:ABC商会
利用向导
开馆时间：夏季（3月–10月）9:30–16:30（最晚入园时间：16:00）
冬季（11月–2月）9:30–16:00（最晚入园时间：15:30）
闭馆时间：每月第2、4个星期三
门票：成人（高中生以上）600日元
儿童（中学以下）免费
电话：011–621–1428

藤井洋（FUJI・HIROSHI）

1953年出生于山口县/1976年毕业于广岛工业大学工学院建筑系/1979年修满九州大学建筑学研究室研修课程/1992年就职于大建设计/2004年—2018年任董事执行监事、广岛东京大阪各事务所所长、企划技术总负责人/2018年12月任大建设计企划总部理事

今村正则（IMAMURA・MASANORI）

1972年出生于熊本县/1996年毕业于熊本大学工学系建筑专业/1998年修完该校研究生院课程/1998年进入大建设计/现任该社广岛事务所设计室室长、设计中心动物园水族馆部门长

尾崎诚治（OZAKI・SEIJI）

1960年出生于名古屋市/1982年毕业于日本大学理工学院海洋建筑工学专业/1984年修完该校研究生院硕士课程/2008年进入大建设计/现任该社名古屋事务所设计室室长助理

松本涉（MATUMOTO・WATARU）

1973年出生于北海道/1997年毕业于北海道大学工学院建筑工学系/1999年获得该大学研究生院硕士学位/1999年进入大建设计/现任该公司札幌事务所设计课长

住友橡腕产业 山阳建工）
内部装饰
创意工作室（办公室）
地板：东理　SENQCIA
天花板：大建工业
演练工作室
地板：KURIYAMA
天花板：大建工业
大厅
地板：LIXIL

岩崎宏（IWASAKI・HIROSHI）

1980年出生于东京/2003年毕业于横滨国立大学工学部建筑系/2006年修完东京艺术大学研究生课程/2006年至今就职于竹中工务店设计部/目前担任大阪总店设计部主任

松冈正明（MATSUOKA・MASAAKI）

1987年出生于纽约/2011年毕业于早稻田大学创造理工学院建筑系/2013年该大学硕士毕业/2013年起就职于竹中工务店设计部

有田博（ARITA・HIROSHI）

1967年出生于千叶县/1993年修完东京艺术大学研究生院建筑设计硕士课程/1993年起就职于竹中工务店设计部/目前担任大阪总店设计部组长

SHARE GREEN MINAMI AOYAMA （项目详见第116页）

●向导图登录新建筑在线
http://bit.ly/sk1901_map

所在地：东京都港区南青山1–12–32 他
主要用途：事务所　餐饮店　商铺
所有人：NTT都市开发
设计
企画・监修：NTT都市开发
负责人：宗慎一郎　丰岛朗　增留绫花　岸吉祐辉
设计・监理：REALGATE
负责人：菅原大辅　下野祥吾　山田佳奈　植木优行
设计指导：TRANSIT GENERAL OFFICE
负责人：甲斐政博　武本淳
景观设计：SOLSO
负责人：齐藤太一　横幕绘理　中嶋有
施工
■SHARE GREEN MINAMI AOYAMA
建筑：BENAFIT LINE
负责人：岩崎拓也　渡边大祐　仓重洸佑
外部结构：FUKUZAWA
空调・卫生：昭和技研
电气：EVERGROUP
盆栽：DAISHIZENN
■LIFORK 南青山
建筑：R.E.M.
负责人：吉冈正和　铃木精一郎　岸圭介
空调：东神空调
卫生：宫崎设备工业所
电气：芳根电机设备
■Little Darling Coffee Roasters
内装：日商INTERLIFE
负责人：池井花帆
■SOLSOPARK・ALL GOOD FLOWERS
内装：内田建设
负责人：田中秀幸
规模
办公楼
用地面积：4214.37 m²
建筑面积：748.70 m²（北栋）
751.73 m²（南栋）
使用面积：1490.40 m²（北栋）
1496.46 m²（南栋）
北栋1层：745.20 m²/2层：745.20 m²
南栋1层：748.23 m²/2层：748.23 m²
层数：地上2层
咖啡馆
用地面积：3404.48 m²
建筑面积：452.17 m²
使用面积：498.07 m²
1层：398.29 m²/2层：99.78 m²
建蔽率：13.28%（容许值：60%）
容积率：16.16%（容许值：200%）
层数：地上2层
商店
用地面积：1786.84 m²
建筑面积：178.70 m²
使用面积：167.05 m²
建蔽率：10.00%（容许值：60%）
容积率：9.35%（容许值：200%）
层数：地上1层
尺寸
办公楼
最高高度：7060 mm
房檐高度：6850 mm
层高：1层：3640 mm/2层：3210 mm
顶棚高度：1层：3510 mm/2层：2550 mm
主要跨度：6000 mm × 4800 mm
咖啡馆
最高高度：6870 mm
房檐高度：6720 mm
层高：就餐空间：3640 mm　事务室：3050 mm
顶棚高度：就餐空间：4725 mm
事务室：2350 mm
主要跨度：4500 mm × 2675 mm
商店
最高高度：4765 mm
房檐高度：4575 mm
顶棚高度：商铺：4275 mm
主要跨度：1820 mm × 1820 mm
用地条件
地域地区：第二种中高层住专用地域　准防火地域　第三种高度地区
道路宽度：东7.7 m　西27.0 m
停车辆数：39辆
结构
主体结构：钢架结构
桩・基础：天然地基
设备
■**办公楼**
空调设备
空调方式：冷气泵空调方式
热源：EHP
卫生设备
供水：直压供水方式
热水：局部供水方式（电热水器）
排水：直接放流方式
电力设备
供电方式：高压供电方式
防灾设备
消防：灭火器
排烟：自然排烟
■**咖啡馆**
空调设备
空调方式：电热冷气泵冷却方式
热源：电力
卫生设备
供水：接水槽方式
热水：局部供水方式（电热水器）
排水：污水杂排水合流方式
电力设备
供电方式：高压供电房式
设备容量：82.5 kVA
防灾设备
消防：灭火器
排烟：自然排烟
■**商店**
空调设备
空调方式：电热冷气泵冷却方式
热源：电力
卫生设备
供水：接水槽方式
热水：局部供水方式（电热水器）
排水：强制水泵抽水方式
电力设备
供电方式：高压供电房式
设备容量：29.1 kVA
防灾设备
消防：灭火器
排烟：自然排烟（带排烟窗装置）
工期
设计期间：2018年3—6月
施工期间：2018年4—9月
外部装饰
外墙：KMEW
开口部：LIXIL / BUNKA SHUTTER
外部结构：MACHIDA
内部装饰
■**会议室**
地板：东理
研讨会议室
地板：东理
咖啡馆
地板：东日本涂料
墙壁：NISSIN EX.
卫生间
地板：东理

利用向导

开馆时间：8:00—20:00

闭馆时间：年末年初（举办活动时停业）

宗慎一郎（SOU・SHINICHIROU）

1984年出生于福冈县/2007年毕业于东京工业大学工学部社会工学系/2009年毕业于同大学研究生院社会理工学研究科/2009年入职NTT都市开发/目前担任该公司开发总部开发推进科科长代理

丰岛朗（TOYOSHIMA・AKIRA）

1964年出生于静冈县/1988年毕业于芝浦工业大学工学部建筑系/1990年修完该大学硕士课程/1990年起就职于日本电信电话（现称：NTT FACILITY）/2000年至今就职于NTT都市开发/现任该公司都市建筑设计部建筑工程负责人

增留绫花（MASUDOME・AYAKA）

1991年出生于东京/2015年毕业于东京理工大学工学部建筑系/2015年至今就职于NTT都市开发/目前任职于商业事业总部

菅原大辅（SUGAWARA・DAISUKE）

1987年出生于岩手县/2010年毕业于东京工艺大学工学部建筑系/2011年—2013年就职于SOL style/2013年—2017年就职于阿部兴治建筑研究所/2017年入职REALGATE/目前担任该公司企画设计部首席经理

下野祥吾（SHIMONO・SYOUGO）

1985年出生于东京/2008年毕业于樱美林大学财经学院经济系/2011年毕业于SPACE DESIGN COLLEGE空间设计系/2012年—2015年就职于NAQ Design /2015年起就职于REALGATE/目前担任该公司企画设计部经理

办公楼（LIFORK）南侧外观

图片提供：日本新建筑社摄影部

日野KOMOREBI骨灰堂 （项目详见172页）

●向导图登录新建筑在线
http://bit.ly/sk1901_map

所在地：神奈川县横滨市港南区日野中央1-13-2

主要用途：骨灰堂

所有人：横滨市

设计

建筑：Contemporaries

负责人：柳泽润　中山智仁

结构：铃木启、ASA

负责人：木村洋介*（*原职员）

设备：ZO设计室

负责人：柿沼整三　竹森YUKARI　布施安隆

外部结构：STGK

负责人：熊谷玄　石川洋一郎*

照明：CHIPS　负责人：永岛和弘　永岛有美子

家具：藤森泰司工作室

负责人：藤森泰司　高崎辽

公告牌：天野和俊设计事务所

负责人：天野和俊　森绘美梨*

光环境设计合作：东京工业大学　中村芳树研究室

监管：建筑：Contemporaries

负责人：柳泽润　中山智仁　额贺彩乃

结构：铃木启　ASA

负责人：木村洋介*　竹中美穗　长谷川理男*

电力设备：J・I设计事务所

负责人：谷越一彦

空调卫生机械设备：日本环境设计

负责人：加藤善次郎

施工

建筑：渡边组

负责人：和泉彻　中新井俊介　福泽启　臼木沙也香*

见上工业 负责人：中川晓子

空调・卫生：金子工业所 负责人：金子昌宏

电力：滨川电力 负责人：古泽秀夫

骨灰自动安放机：光洋自动机

负责人：比田裕　善家博　小池英治

造园：横滨绿地　负责人：上粟悟美

规模

用地面积：3745.70 m²

建筑面积：1100.17 m²

使用面积：1447.13 m²

地下1层：456.58 m²　1层：990.55 m²

建蔽率：29.64%（容许值：60%）

容积率：38.63%（容许值：150%）

层数：地下1层　地上1层

尺寸

最高高度：9720 mm

顶棚高度：3070 mm

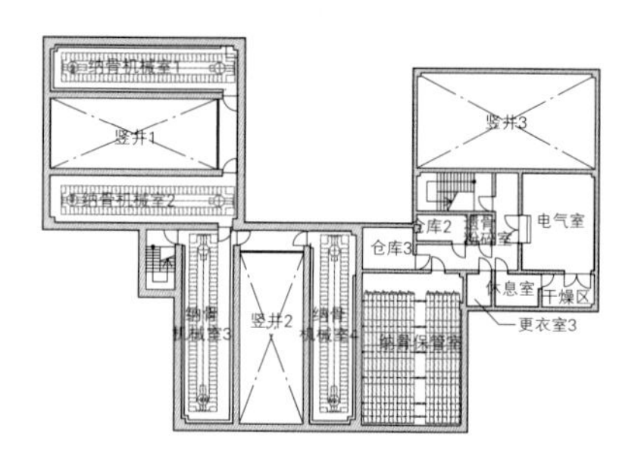

地下1层平面图　比例尺 1:800

N's YARD （项目详见第130页）

●向导图登录新建筑在线：
http://bit.ly/sk1901_map

所在地：栃木县那须盐原市青木28-3

主要用途：美术馆

所有人：个人

设计

建筑・监管：石田建筑设计工作室

负责人：石田建太朗　市泽美由纪

结构：Arup

负责人：笹谷真通　奥村祐介*　提坂浩之（*原职员）

设备：知久设备计划研究所

总负责人：知久昭夫

机械负责人：知久岳

电力负责人：椋尾诚一

照明：Arup

负责人：井元纯子　萩原克奈惠

外部结构：GA山崎

负责人：山崎诚子　洪淑婷

施工

建筑：八光建设・东昭建设特定建设工程企业联营体

负责人：佐藤恭也　尾崎克树

空调・卫生：泉水道

负责人：早坂荣太

电力：高柳电设工业

负责人：角田武臣

厨房：FUJIMAK

负责人：小野孝一

造园：碧梯园

负责人：佐久间洋　佐久间悠治

规模

用地面积：9981.36 m²

建筑面积：918.04 m²

使用面积：887.57 m²

建蔽率：9.20%（容许值：60%）

容积率：8.90%（密允值：200%）

层数：地上1层

尺寸

最高高度：8381 mm

层高：入口大厅：7870 mm
办公室：4920 mm
等候区：6620 mm
骨灰保管室：3650 mm
骨灰机械室：7870 mm 其他
顶棚高度：入口大厅：7000 mm　办公室：4000 mm　等候区：6000 mm
主要跨度：1 4000 mm × 1 3000 mm

用地条件

地区：第二种中高层居住专用地区　预备防火地区　第三种高度地区
道路宽度：东6.2 m　南20m　北3.7 m
停车辆数：23辆

结构

主体结构：钢架结构　部分为钢筋混凝土结构
桩・地基：板式基础　部分为柱状地基改良

设备

环境保护技术

各种节水器具　利用装置节水　利用地下坑洼　采用接地管　回收高天棚面暖气　高天棚的居住区域空调　利用居室的排气减少骨灰安放机械室热串联换气量的系统　利用日光　采用LED照明
CASBEE 横滨（A级）
BPIm 1.00，BEIm 0.52

空调设备

空调：空冷热泵组合式空调地面吹气方式
换气方式：第一种换气方式　利用全热交换换气扇
热源：空气（燃料：煤气、电力）

卫生设备

供水：直结直压方式
热水：局部供给方式
排水：污水雨水分流方式

电力设备

供电方式：1条线路供电方式　3・3W/6.6kV　50Hz
设备容量：变压器总量　150kVA
防灾设施：自动火灾报警设备

工期

设计期间：2013年9月—2015年12月
施工期间：2016年9月—2018年3月

工程费用

建筑：814 212 000日元
空调・卫生：88 711 200日元
电力：80 740 800日元
骨灰自动安放机：423 144 000日元
造园：58 376 160日元
总工程费用：1 465 184 160日元

外部装饰

屋顶：元旦Beauty工业
屋檐：三菱化学
外墙壁：涩谷制作所
开口部：三和SHUTTER工业
庭园：杯球陶瓷

内部装饰

入口大厅

地面：杯球陶瓷
墙壁：涩谷制作所
顶棚：越井木材工业

办公室

地面：TOLI
顶棚：越井木材工业

参拜大厅1、2

地面：杯球陶瓷
墙壁：涩谷制作所
顶棚：越井木材工业

骨灰安放机械室

墙壁：KANAMORI

主要使用器械

自动运送式骨灰安放机：光洋自动机
合葬式骨灰保管可动棚：金刚
参拜口自动门：神奈川Nabco
卫生器具：LIXIL
照明器具：松下株式会社　DN Lighting　山田照明
家具制作：远藤照明　ADAL

利用向导

开馆时间：9:00—17:00
闭馆时间：11月第一个星期一
联系地址：横滨市健康福祉局设施整备科
电话：045-671-2450
日野KOMOREBI骨灰堂
电话：045-835-3684

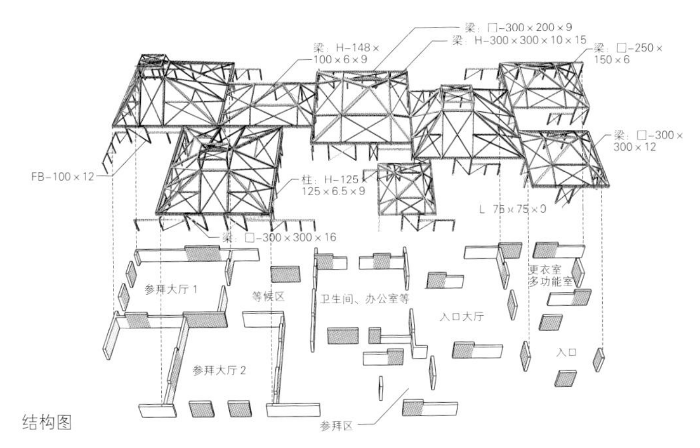

结构图

结构概要

日野骨灰堂为一部分埋于地下和地上1层的钢架结构。地面上部8个风格迥异的方形屋顶在不同平面错开连接。虽然每个屋顶都是方形，但是每个平面形状都不一样，不同的高度和坡度微妙地变化着。部分屋顶突起，还有的箱型带高侧窗，方形屋顶会产生推力，方形屋顶之间的邻接之处抵消该推力。对仍存留很大推力之处的屋顶面，设置强刚性的角撑柱。地面上部纤细的钢架可以达到H125 × 125，水平力全部由斜撑柱承担。　（铃木启/ASA）

柳泽润（YANAGISAWA・JYUN）

1964年出生于东京都/1989年毕业于东京工业大学工学学院/1991年在荷兰贝尔拉格学院（the Berlage Institute）留学/1992年毕业于东京工业大学研究生院理工学研究科/1992年—2000年就职于伊东丰雄建筑设计事务所/2000年成立Contemporaries/现任关东学院大学建筑・环境学院副教授

顶棚高度：8155 mm
1-3号、5号展示室：4300 mm
4号展示室：7486 mm
咖啡厅：4000 mm
门厅：4000 mm

用地条件

地区：城市规划区域　日本《建筑基准法》第22条指定地区
道路宽度：东8 m　西6.5 m
停车辆数：30辆

结构

主体结构：钢筋混凝土结构　部分钢架结构
桩、地基：直接基础（带状地基）

设备

空调设备

空调：电力热泵方式

卫生设备

供水：自来水管直接供给方式
热水供应：煤气瞬间供热水方式　电力热水器方式
排水：用地外分流方式（污水杂排水、雨水）

电力设备

供电方式：高压供电
设备容量：175kVA
额定电源：家用发电机（PL瓦斯式）　保安用额定输出26kVA

防灾设施

自动火灾报警设备　感应灯设备　紧急照明设备　灭火器

其他：丙烷气设备　热水式地热设备工程

工期

设计期间：2014年4月—2016年4月
施工期间：2016年5月—2017年10月

利用向导

开馆时间：10:00—17:00
闭馆时间：星期二・星期三（冬季期间闭馆）
入馆费用：（含室外作品鉴赏、庭园散步）
大人1500日元、高中生1000日元、中小学生500日元、未上小学的儿童免费
电话：0287-73-5711

石田建太朗（ISHIDA・KENTARO）

1973年出生于爱知县/2001年毕业于AA建筑学院/2001年—2003年就职于坂茂建筑设计事务所/2004年—2012年就职于赫尔佐格和德梅隆建筑事务所（Herzog & de Meuron）/2012年成立石田建筑设计工作室/2016年担任东京工业大学特邀副教授

丸之内二重桥大厦

（项目详见第136页）

●向导图登录新建筑在线
http://bit.ly/sk1901_map

所在地： 东京都千代田区丸之内3-2-3
主要用途： 办公室 会议室 店铺 宴会场 婚宴场 停车场等
所有人： 三菱地所 东京商工会议所 东京会馆

设计・监理

三菱地所设计
项目总负责人：宫地弘毅
项目负责人：鬼泽仁志
设计主管：村松保洋
创意负责人：仲田圭佑 深田享佑 伍藤留理子 佐藤晴香 李一纯 粟本祐辅 小林HARUKA 结构负责人：太田俊也 诸伏勋 近藤千香子 西仓几
电力负责人：沼部敬之 铃尾晓 加地大树 足立宏
空调卫生负责人：中村厚 中村骏介 稻叶SATOMI
土木・环境负责人：栗林茂吉 坪田勇人 今林敬晶 佐藤雄纪 北野贵士 坚山直树
DHC负责人：片山一宪 榎通孝 高田修 伊藤光太郎
估算负责人：松本浩嗣 竹内义典
监理统筹：北岛宏治
监理主管：间濑功一
监理负责人：本間圭 太刀川毅 宫田辽太朗 横田治贵 渡边恭平 高庆太
都市企划负责人：铃木直树 舩桥秀畅 东海林孝男
DMO东京丸之内内装设计
Puddle inc. 负责人：加藤匡毅 平冈亚季
DE-SIGN INC. 负责人：赤沼百生
■东京会馆专属部
日建设计Construction Management
负责人：岩阪聪一郎 中林孝了 堺田健二
室内设计：日建空间设计（公共空间 婚宴场 宴会场等）
负责人：山本祥宽 大桥怜史 乃村工艺社（prunier 八千代 Unione俱乐部 铁板烧 MAIN BAR magnolia.）
负责人：根本正夫 阿部美和子 谷高明 久兼将弘
MEC・Desigh・International
负责人：饭岛雅朗 土井亚希子
设备：日建设计
电力负责人：关根雅文 町田知泰
器械负责人：佐佐木教道 松村早千绘
监理：日建设计Construction Management
负责人：岩阪聪一郎 松尾忠明 堺田健二 日建设计
负责人：植田义和 铃木研志

施工
建筑：大成建设
负责人：爱甲寿朗 和田茂明 加藤宽
电力：关电工
负责人：石动贵之 一场义人（东京会馆专属部）
空调：高砂热学工业
负责人：世户秀弥 高桥直哉（东京会馆专属部）
卫生：西原卫生工业所
负责人：山崎贵洋
齐久工业
负责人：村永侑士（东京会馆专属部）
升降机：三菱电机
负责人：原大
东芝电梯（东京商工会议所专属部）
负责人：大牟田秀久
DHC：新菱冷热工业
负责人：内藤顺夫
电工
负责人：樱井信
影像音响・挂饰：系统工程部门（东京会馆专属部）
厨房器械：村幸（东京会馆专属部）
厨房食品：HARUTON（东京会馆专属部）
会场等共用部枝形吊灯：有大山公司（东京会馆专属部）
阶梯房枝形吊灯修复：山田照明（东京会馆专属部）
会场共用部地毯：凝胶测试器（东京会馆专属部）
马赛克瓷砖壁画修复：NKB（东京会馆专属部）

规模
用地面积：9935.02 m²
建筑面积：8355.06 m²
使用面积：174 054.18 m²（其中东京会馆专属部范围：17 617.21 m²）
地下1层：8 117.37 m² / 1层：7 963.20 m²
2层：6 373.14 m² / 标准层：3981.56 m²
建蔽率：1 499%（容许值：1 500%）
容积率：84.10%（容许值：100%）
层数：地下4层 地上30层 阁楼2层

尺寸
最高高度：149 990 mm
房檐高度：138 610 mm
层高：标准层办公室：4220 mm
顶棚高度：标准层办公室：2850 mm / 东京商工会议所大会议室：6500 mm / 东京会馆入口大厅：8200 mm~9000 mm / 大宴会厅：6050 mm~7000 mm
主要跨度：7200 mm × 7200 mm

用地条件
地域地区：商业地域 防火地域 城市重建特别地区 地区企划区域 停车场整备地区
道路宽度：东9 m 西35m 南14 m 北36 m
停车辆数：282辆

构造
主体结构：地上：钢架钢筋结构 地下：钢筋混凝土结构
桩・基础：直接基础

设备

环境保护技术
高性能Low-e玻璃 太阳光发电板 遮阳鳍形板 + 太阳光追踪系统 + 自动百叶窗控制室内光照 制冷屋顶 LED照明 热电联合系统 光感应照明控制
CASBEE S等级（自我评价）
PAL等数值 BPI：0.78 BEI：0.61

空调设备
空调方式
办公室：各层小型AHU + VAV方式
低层及商铺：FCU + 外调机方式 大厅：全空气方式
热源：局部供热 冷水・温水供给

卫生设备
供水：低层：储水槽 + 加压供水方式
高层：高架水槽方式
热水：电热水器局部供给热水
排水：屋内分流 屋外合流方式

电力设备
供电方式：66 kV高压环状供电方式
额定电力：13 000 kVA × 2台
预备电源：紧急用发电机2 500 kVA × 1台（A重油，燃气轮机）
1 250 kVA × 1台（双重燃料 燃气轮机）

防灾设备
灭火：屋内消火设备 自动洒水灭火设备 惰性气体灭火设备 NF系统（封闭型水喷雾设备） 连接送水管设备 消防用水 用简易自动灭火设备
排烟：机器排烟
升降机：电梯
办公室：乘用 × 25台 非常用兼货物用 × 3台 公用电梯 × 3台
东京商工会议所：乘用 × 4台 货用 × 1台
东京会馆：乘用 × 4台 货用 × 4台

电梯设备
特殊设备：厨房排水除害处理设备 中水设备 雨水循环利用

工期
设计期间：2012年11月—2015年2月
施工期间：2015年11月—2018年10月
■东京会馆
设计期间：2012年11月—2014年11月
施工期间：2016年6月—2018年10月

利用向导
二重桥方形小广场（地下1层，1、2层招租）
https://nijyubashi.com/
东京商工会议所 大厅・会议室
https://www.tokyo-cci.or.jp/kaigishitsu/
东京会馆（2019年开馆）
https://www.kaikan.co.jp/

宫地弘毅（MIYATI・KOUKI）

1965年出生于东京都 / 1990年修完东京大学研究生院建筑学硕士课程 / 1990年—2001年就职于三菱地所 / 2001年至今任三菱地所设计师 / 现任三菱地所设计建筑设计一部部长

鬼泽仁志（KIZAWA・HITOSHI）

1967年出生于埼玉县 / 1993年修完早稻田大学大学院建筑学硕士课程 / 1993年—2001年就职于三菱地所 / 2001年至今任三菱地所设计师 / 现任三菱地所设计建筑设计一部项目小组组长

村松保洋（MURAMATSU・YASUHIRO）

1973年出生于宫城县 / 1999年完成日本大学研究院理工学研究科硕士课程 / 1999年—2001年就职于三菱地所 / 2001年至今任三菱地所设计师 / 现任三菱地所设计建筑设计一部主设计师

仲田圭佑（NAKADA・KEISUKE）

1990年出生于石川县 / 2013年金泽工业大学建筑学专业毕业后，就职于三菱地所设计 / 现就职于三菱地所设计建筑设计一部

岩阪聪一郎（IWASAKA・SOUITIROU）

1976年出生于大阪府 / 2000年毕业于广岛大学建筑学专业 / 2007年就职于日建设计 / 2008年至今任日建设计建筑部经理 / 现任该社经理

堺田健二（SAKAIDA・KENJI）

1980年出生于神奈川县 / 2009年修完早稻田大学研究生院建筑学专业硕士课程，就职于日建设计建筑部 / 2009年—2011年临时调职于日建设计设计部 / 现任日建设计建筑部经理

京都四条 南座（项目详见第144页）

●向导图登录新建筑在线
http://bit.ly/sk1901_map

所在地： 京都府京都市东山区四条通大和大路西入中之町198
主要用途： 剧场
所有人： 松竹

设计
大林组
总负责人：松原知三
建筑负责人：稻叶一秀
结构负责人：嶋崎敦志　田中荣次
设备负责人：西胁里志　森井规夫　内海彻　吉田裕纪　佐藤谅
照明设计监修：石井RIISA明理

施工
大林组
总负责人：吉本照男
建筑负责人：中岛英雄　釣舩泰志　菅原章人　崎山和人　藤井彩乃　宫下彩子
设备负责人：木本昌宏　今井直人　名越MARI
总务：金马义记　高桥洪　五十岚洋平

规模
用地面积：1952.6 m²
建筑面积：1797.3 m²
使用面积：6429.5 m²
地下1层：1823.2 m²
1层：1797.3 m² / 2层：1069.2 m²
3层：1219.9 m² / 4层：519.9 m²
层数：地下1层　地上4层

尺寸
最高高度：24 730 mm
房檐高度：17 290 mm
层高：3360 mm
顶棚高度：7270 mm
主要跨度：3330 mm × 4840 mm

用地条件
地域地区：商业地域　防火地域　景观形成地区
道路宽度：西 14 m　北 24 m　东 5 m

结构
主体结构：钢筋混凝土结构　部分钢架钢筋混凝土结构

设备
空调设备
空调方式　剧场：单向导管变风方式（VAV）
舞台：置换空调以及风机－盘管空调机其他：空冷热泵方式
热源：燃气炉冷却泵（GHP・冷水）
温水发热装置（回热・温水）
蒸汽锅炉（加湿）

卫生设备
供水：直压供水方式
热水：多系统燃气热水器下的中央供给热水方式以及局部电热水器
排水：雨水污水分流方式

电力设备
供电方式：3 φ 3W 6.6kV 60Hz 1回线供电
设备容量：2475kVA
预备电源：紧急用发电机 200V 300kVA内燃机

防灾设备
灭火：全自动洒水灭火装置设备
排烟：1层、2层商用厨房机械排烟
其他：防火水幕设备（舞台观众席之间形成防火区域）

升降机： 东EV（更新）9人乘用×1台
西EV（更新）8人乘用×1台
大厅EV（新增）11人乘用×1 台
特殊设备：舞台结构更新　舞台音响更新　舞台照明更新　客席椅子更新　数字招牌新增

工期
设计期间：2016年8月—2017年9月
施工期间：2016年11月—2018年9月

内部装饰
客席
地面：川岛织物
墙壁：川岛织物
客用走廊　大厅
地面：川岛织物
墙壁：川岛织物

稻叶一秀（IMABA・KAZUHIDE）

1967年出生于爱知县／1990年毕业于名古屋工业大学社会开发工学专业／1990 年入职大林组／现任大林组大阪本部改装设计部副部长

田中荣次（TANAKA・EIJI）

1972年出生于爱知县／1992年毕业于岐阜工业高等专业学校建筑专业／1992年入职大林组／现任大林组大阪本部结构设计部部长

森井规夫（MORII・NORIO）

1968年出生于奈良县／1992年毕业于同志社大学工学部电气工学专业／1994年完成该大学研究生院工学研究科电气工学硕士课程／ 1994年入职大林组／现任大林组大阪本部设备设计部课长

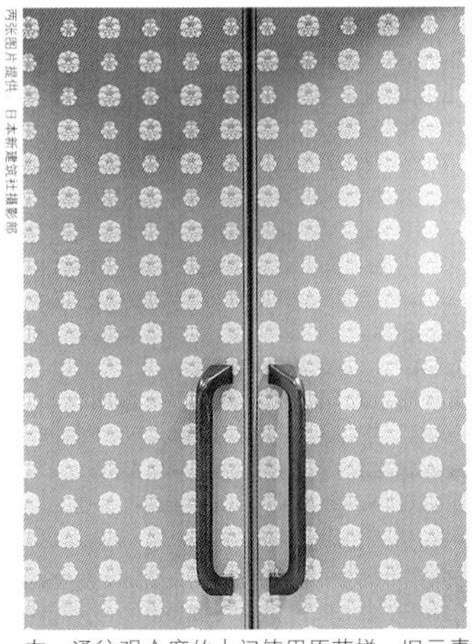

左：通往观众席的大门使用原花样，旧元素中添加新设计
右：2层大厅。台阶扶手墙壁上的花纹再次进行涂装，装饰用的金饰也重新进行粘贴修饰

人物简介

门内辉行（MONNAI・TERUYUKI）
1950年出生于冈山县／1973年毕业于京都大学工学部建筑专业／1975年修完东京大学研究生院硕士课程／1977年该大学研究生院博士退学／ 1977年—1989年任大学生产技术研究所副教授／ 1989年—1997年任早稻田大学理工学部副教授／ 1997年—2004年任该大学理工学部教授／ 2004年—2016年任京都大学研究生院工学研究科建筑系教授／2016年任该大学名誉教授、大阪艺术大学艺术学部建筑专业教授／现任该大学教授、建筑学科长

杉谷文彦（SUGITANI・FUMIHIKO）
1957年出生于长崎县／ 1981年早稻田大学理工学部建筑学科毕业后，入职于梓设计／2008年至今任该社董事长

齐藤精一（SAITOU・ZEICHI）
1975年出生于神奈川县／在哥伦比亚大学攻读建筑学科（MSAAD），2000年开始在NY活动／之后于 ArnellGroup作为一名设计创作者活动／ 2006年创立Rhizomatiks公司／现任Rhizomatiks公司董事长、京都精华大学设计专业客座讲师

中川ERIKA（NAKAGAWA・ERIKA）
1983年出生于东京都／2005年毕业于横滨国立大学建筑学专业／2007年修完东京艺术大学研究生院美术研究科建筑设计课程／2007年—2014年就职于ondesign公司／2014年至今就职于中川ERIKA建筑设计事务所／2014年—2016年任横滨国立大学研究生院（Y-GSA）设计助手／现任东京艺术大学、法政大学、芝浦工业大学、横滨国立大学、日本大学客座讲师

理事单位

火热招募中

《景观设计》杂志拥有广泛、全面的发行渠道，全国各地邮局均可订阅，新华书店及大部分大中城市建筑书店均有销售，可有效递送至目标读者群。客户可以设计新颖、独特的广告页面，宣传企业形象，呈现公司理念，彰显设计魅力。

加入《景观设计》理事会，您将享有以下权益：

- 杂志设专页刊登公司 Logo；
- 杂志官方网站免费做一年的图标链接及公司的动态信息宣传；
- 杂志微信、微博等新媒体上可定期免费推送；
- 全年可获赠 6P 广告版面，并获赠《景观设计》样刊；
- 推荐一位负责人担任本刊编委，并可免费参加我社组织召开的年会等相关活动；
- 可优先发表符合本刊要求的项目案例；
- 可优先为公司制作专辑，安排人物专访；
- 在我社主办或参与的所有行业活动上，将免费为理事会成员单位进行宣传；
- 理事会成员单位参与由我社组织的学术交流及考察，将享有大幅优惠；

……

新建築
株式會社新建築社，東京
简体中文版© 2019大连理工大学出版社
著作合同登记06-2019第16号

图书在版编目(CIP)数据

建筑的多元化设计 / 日本株式会社新建筑社编；肖辉等译. -- 大连：大连理工大学出版社，2019.10
（日本新建筑系列丛书）
ISBN 978-7-5685-2134-5

Ⅰ. ①建… Ⅱ. ①日…②肖… Ⅲ. ①建筑设计 Ⅳ. ①TU2

中国版本图书馆CIP数据核字（2019）第142636号

出版发行：大连理工大学出版社
（地址：大连市软件园路80号　邮编：116023）
印　　刷：深圳市龙辉印刷有限公司
幅面尺寸：221mm×297mm
出版时间：2019年10月第1版
印刷时间：2019年10月第1次印刷
出 版 人：金英伟
统　　筹：苗慧珠
责任编辑：邱　丰
封面设计：洪　烘
责任校对：寇思雨

ISBN 978-7-5685-2134-5
定　　价：人民币98.00元

电　　话：0411-84708842
传　　真：0411-84701466
邮　　购：0411-84708943
E-mail：architect_japan@dutp.cn
URL：http://dutp.dlut.edu.cn

01